U0173005

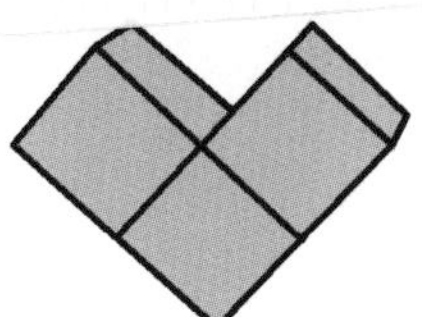

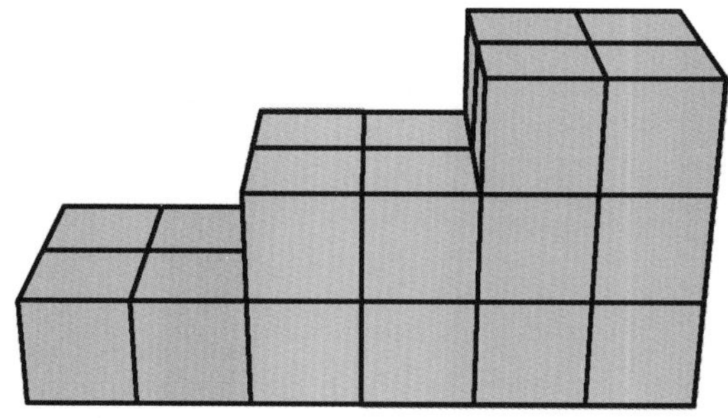

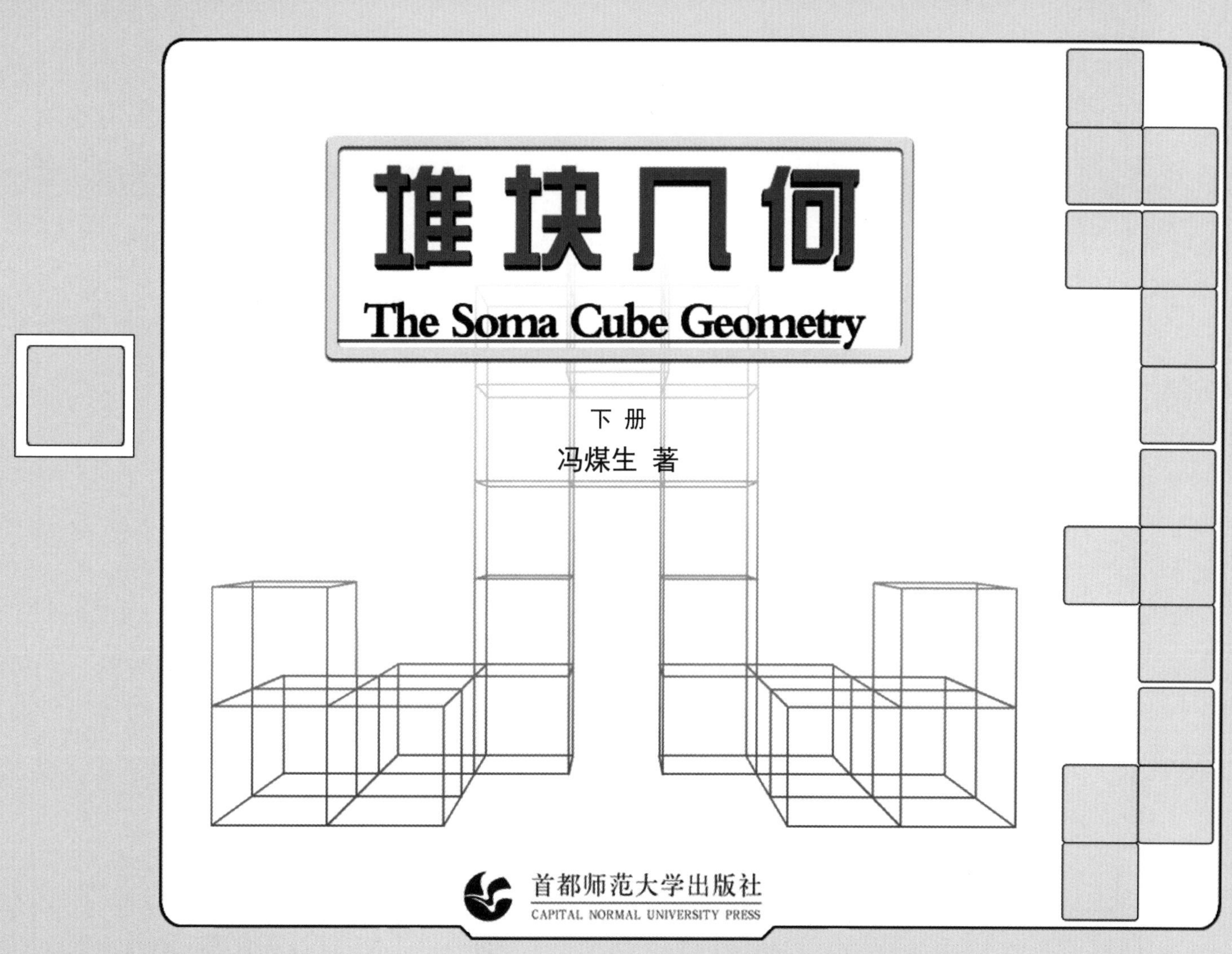
堆块几何
The Soma Cube Geometry
下 册
冯煤生 著
首都师范大学出版社
CAPITAL NORMAL UNIVERSITY PRESS

图书在版编目（CIP）数据

堆块几何 : 全二册 / 冯煤生著. -- 北京 : 首都师范大学出版社, 2022.10
ISBN 978-7-5656-7226-2

Ⅰ. ①堆… Ⅱ. ①冯… Ⅲ. ①初等几何－基本知识 Ⅳ. ①O123

中国版本图书馆CIP数据核字(2022)第185367号

DUI KUAI JI HE
堆块几何（下册）
冯煤生 著

责任编辑 刘群伟
首都师范大学出版社出版发行
地 址 北京西三环北路105号
邮 编 100048
电 话 68418523（总编室）68982468（发行部）
网 址 http://cnupn.cnu.edu.cn
印 刷 北京印刷集团有限责任公司
经 销 全国新华书店
版 次 2022年10月第1版
印 次 2022年10月第1次印刷
开 本 710mm×1000mm 1/16
印 张 19.25
字 数 170千
定 价 60.00元（全二册）

前　言

如果说玩积木是人生第一次接触几何，那么，多数人再次接触几何则要等到初中学习平面几何。中间这段时间除了解一些简单几何形体的知识，包括面积和体积，之外，没有真正的几何学内容。中学的平面几何与立体几何都来自欧几里得几何，欧氏几何是古埃及与古希腊上千年几何知识的总结与提升，是公理化方法的典范，内容有一定难度，容易造成学习分化；因此，需要一种过渡的，将玩与学结合起来的几何学习内容。堆块几何填补了这个空白。

本书不是介绍摆放形体的思维与操作技巧，而是诠释一种重要的科学方法——公理化方法。把简单的积木摆放游戏提升为使用规定工具和公理化方法，需要思考、探究与创造的趣味几何研究。

简单、容易的事情是无趣的，这就是脱离幼儿期的儿童不再玩积木的原因。堆块几何要让人们，不只是儿童，重新玩积木，并在玩的过程中体验思考、研究与创造的有趣过程。

全书分为上下两册，上册《堆块几何基础》介绍堆块几何概要和公理化方法所需的定义、规定、公理及公设；对问题与命题，思维与操作的关系给出简明的解释；通过明确空间形体的形状概念、给出形状变换想象与操作的符号表示，展开对空间想象与思维能力的训练内容。下册《堆块几何入门》展开堆块几何的学习内容，包括命题的分析与证明，堆块形体的设计、研究（随块数增加而深入）、创造和结构记录方法；作为给教师的建议，还介绍了创建堆块学园和互动学习社区的方法。

上册从第0章至第5章。第0章介绍作为公理化方法教学资源的堆块几何，包括数学元素的引入、符号记录方法、内容提要与教学功能。第1章给出堆块形体构建工具和方法的定义与规定。第2章介绍堆块几何的公理、公设和命题。第3章涉及发现问题与提出命题的方法，介绍了问题与问句的相关知识。第4章分析了摆放堆块形体时的思维与操作及其相互关系。第5章介绍了堆块形体的形状变换和利用这种变换培养空间想象力的空间思维训练方法，为进一步展开学习内容奠定基础。

下册从第6章开始，介绍了堆块几何证明的公理化方法和通过分析与思考完成求知任务的过程。第7章涉及堆块形体的设计与思考，通过区分设计与涂鸦行为，使堆块积木摆放游戏成为一种设计与研究活动，第8章通过平面形状与立体形体的设计、证明与猜想，展示了堆块几何的学习内容。第9章介绍了立体形状的记录方法、堆块形体的三视图判断和形体内部结构的分层记录方法，为堆块几何研究成果的交流奠定了基础。第10章展开了不同难度堆块形体的构造和创造研究，介绍了创建堆块学园和互动学习社区的方法。

在很多科学家眼里，科学就是兴趣的乐园，他们就像充满好奇心的天真孩子，兴趣和爱好引导他们作出非凡的发现与创造。堆块几何就是要让更多人体验这种乐趣，理解并尝试探索、发现与创造的人生，成为有科学品位的人。

著　者

2021年11月于首都师范大学

目　　录

下册 堆块几何入门

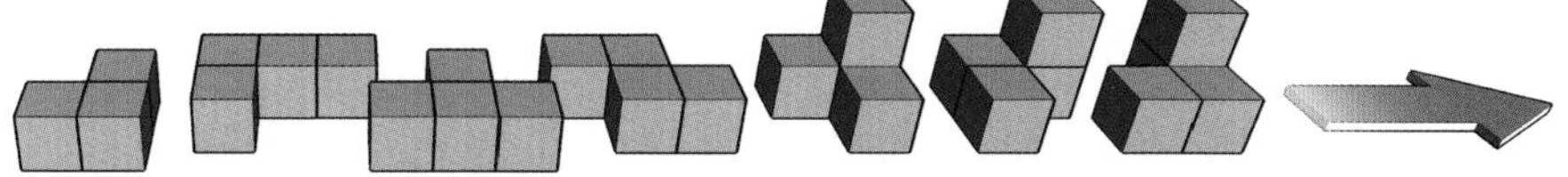

近代科学的发展依赖于两种研究方法：一是公理化思维，二是可重复性试验。

——爱因斯坦

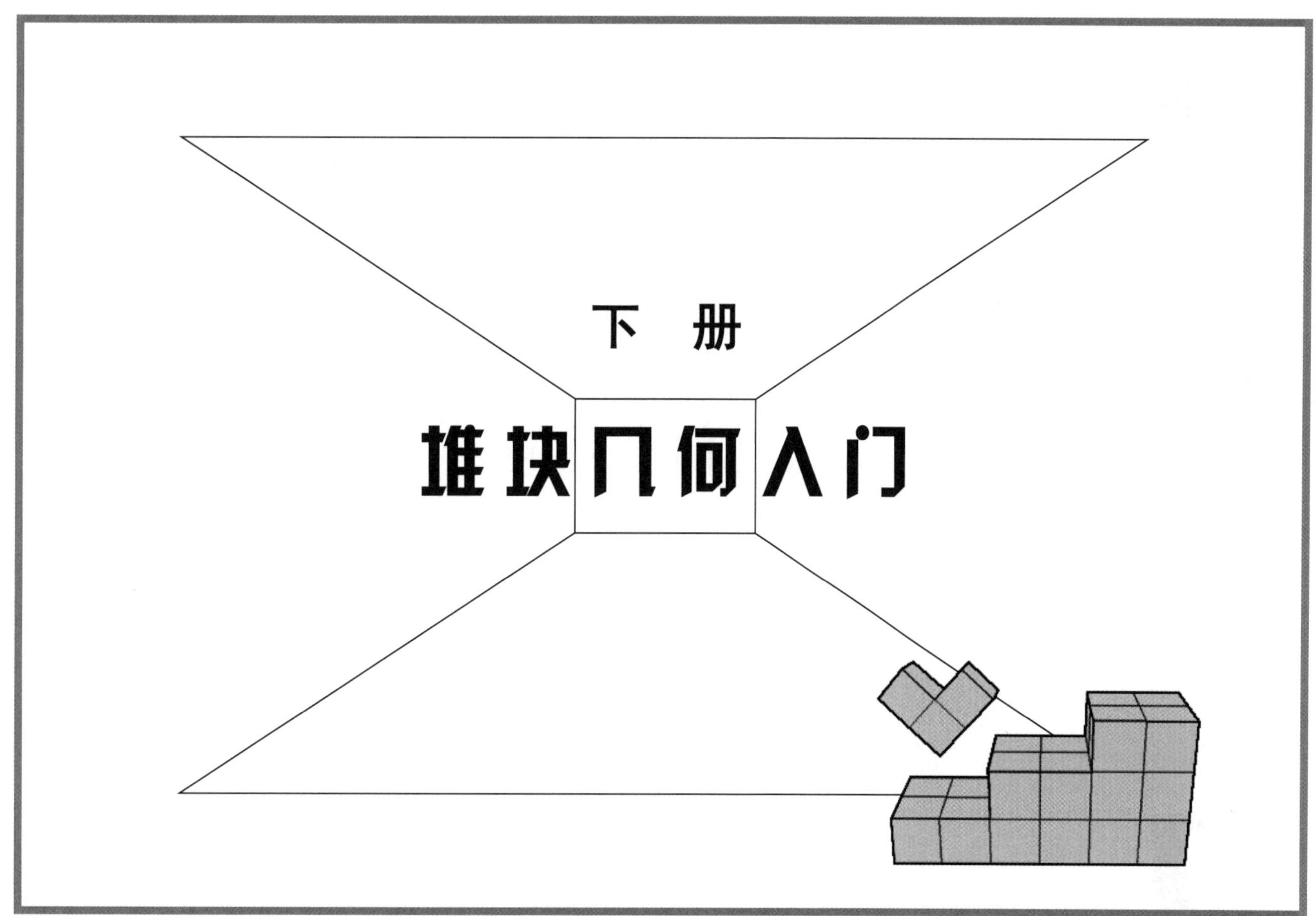
下　册
堆块几何入门

第 6 章

堆块几何命题的证明

本 章 导 言

一般认为，几何命题的证明就是从公理和公设出发，对命题的结论进行逻辑推导。无法证明的命题可以作为猜想提出，等待进一步研究。本章指出，命题的证明实际上是用公理化方法来完成问题所提出的求知任务。对于堆块几何的命题而言，这种证明方法很自然，就是按照规定，使用七种堆块摆放形体。针对不同问题的命题，会采用不同的证明方法：直接证明方法和反证法。在给出了不同证明方法的示范和练习外，本章还给出了寻找证明方法的分析与思考，给出了关于目标形体的补形的概念，并将其应用于对命题证明的研究。

6.1 完成求知任务的方法

■完成堆块几何问题求知任务的方法步骤

第一步：提出命题，明确求知任务

从第 3 章问题与命题的关系可知，命题是对问题求知任务的结论陈述。因此，完成求知任务方法的第一步是提出命题，明确求知任务的目标。

第二步：证明命题

提出命题之后的求知任务就是对命题的真、假与对、错进行判断。

■公理化方法

有一种判断命题真假的方法叫作公理化方法。这种方法是欧几里得在他那本不朽的著作《几何原本》中首创的。具体的做法如下：

1. 给出所研究对象的明确定义；

2. 给出关于这些研究对象的若干规定，即：公设，和一些公认正确的结论，即：公理；

3. 从这些公理和公设出发，利用符合逻辑的推理，也称逻辑推理，推导出命题的结论，或者否定命题的结论，如图6.1所示。

命题证明：用公理化方法判断命题结论真、假与对、错的过程。

公理化方法自创立以来，得到追求真理者的普遍认可，现在已经成为科学研究的基本方法。

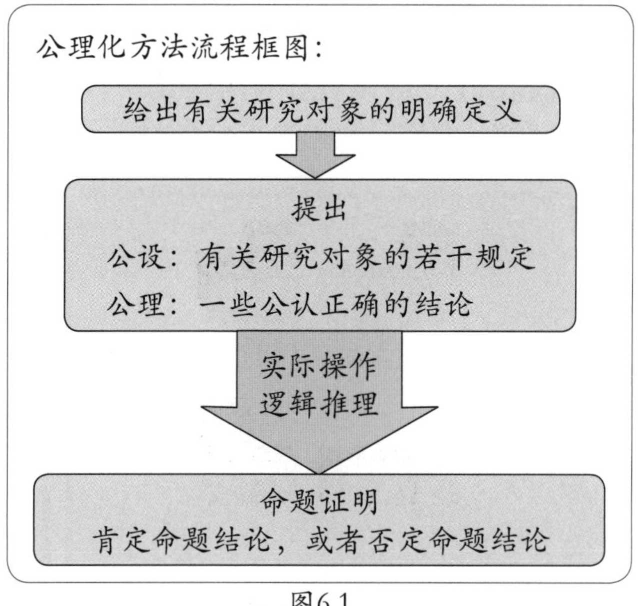

图6.1

堆块几何命题的公理化证明

判断堆块几何命题真、假与对、错的方法也是用公理化方法证明，我们上篇给出的定义、公设和公理就是为这种公理化方法证明做准备。

堆块几何命题的公理化证明方法实际操作起来很自然，只要使用给定的七种堆块，不拆散分解，不使用胶粘或磁吸等方法使它们靠在一起，利用旋转和翻转变换调整摆出命题所要求的形体，就完成了公理化证明。下面给出针对堆块形体命题的公理化方法与非公理化方法的操作比较示范。

■公理化方法与非公理化方法的比较

命题6.1 可以摆出两层的L块。

命题6.1的公理化与非公理化证明方法，分别如图6.2与图6.3所示。

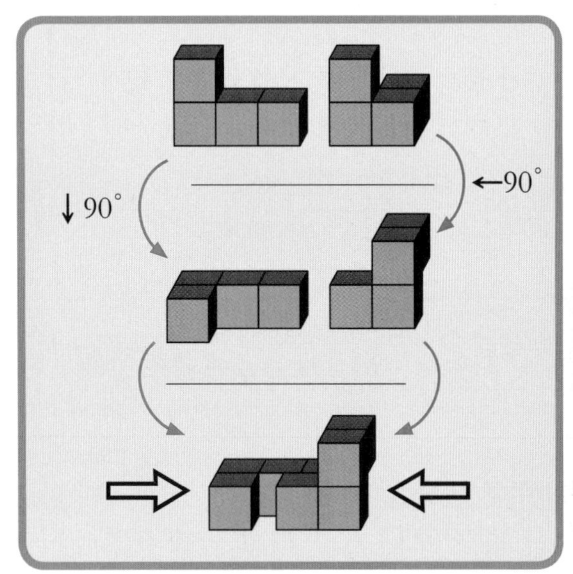

图6.2 公理化方法

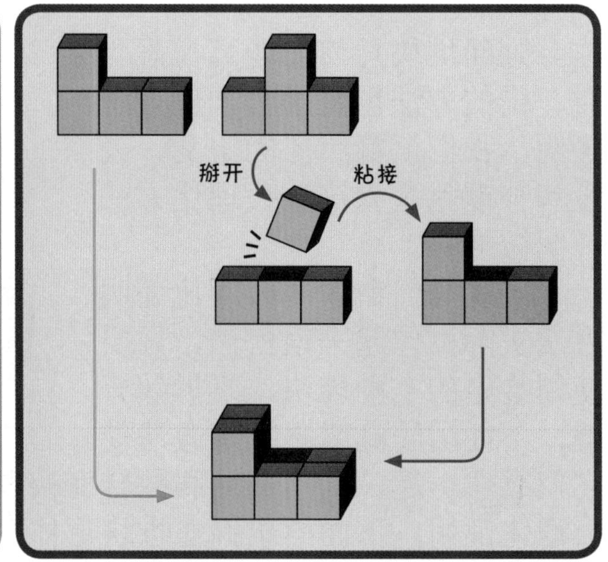

图6.3 非公理化方法

■堆块几何问题的解决过程示范

问题6.1：可以摆出两层的T块吗？

命题6.2 可以摆出两层的T块。

问题6.2：可以用L块和lh块摆出两层的T块吗？

命题6.3 可以用L块和lh块摆出两层的T块。

这个命题就是序论中的命题，它的证明已经在序论中给出，这里再次图示证明过程。

证明 根据公理1和公设1、2、3，可以摆出图6.4所示的两个堆块形状，

用初等变换操作lh块得到如图示6.5所示的形状，

根据公设3把lh块摆放在L块上，如图6.6所示。

证明完毕。

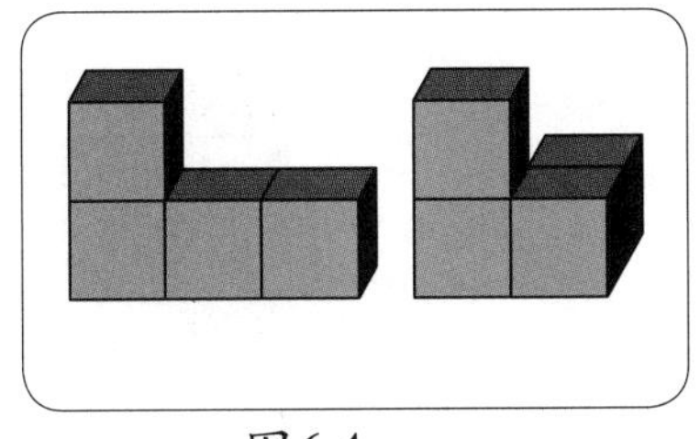

图6.4

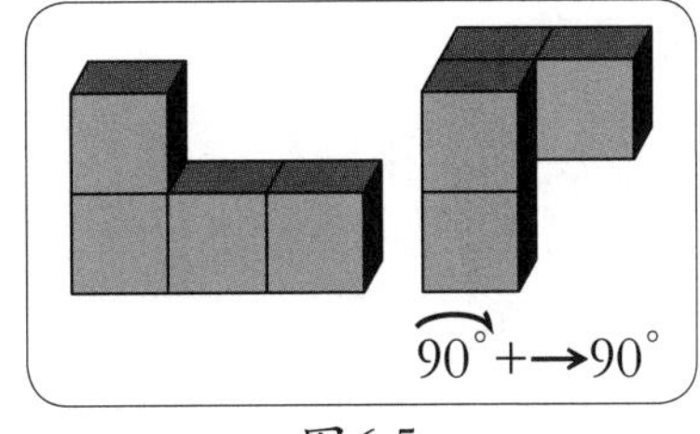

图6.5

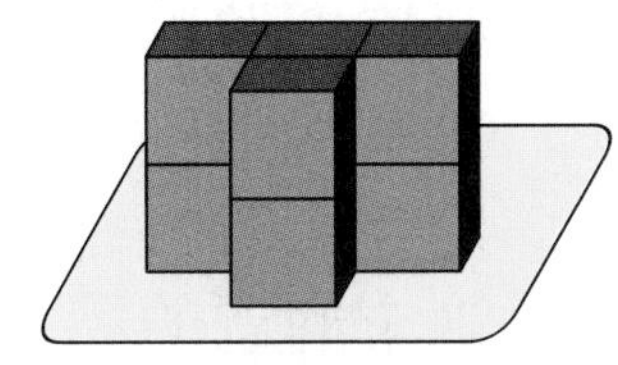

图6.6

6.2 堆块几何命题的证明方法

■形状命题和方法命题的证明方法

这两种命题的证明方法可以归结为找到摆出命题目标形体的操作方法。

命题6.4 可以摆出两层的Z块。

证明 如图6.7所示。

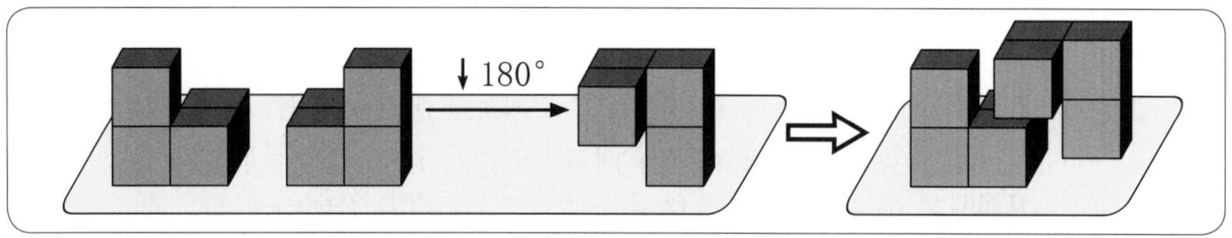

图6.7

■问原因问题的证明方法

1. 直接证明方法：肯定命题陈述，直接给出理由。

问题6.3：为什么不能摆出6个单元块组成的形体？

这个问题的相关命题如下。

命题6.5 两层的V块（图6.8）不是堆块形体。

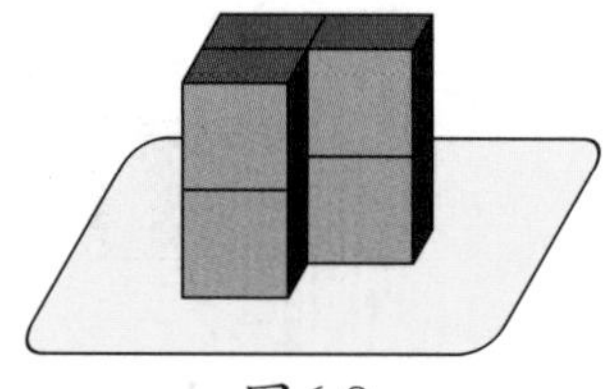

图6.8

该命题结论的理由很简单，想一想如何陈述这个理由。

证明 根据堆块的定义，只有一个三元块，其他都是四元块，如图6.9所示。而摆出两层的V块必须选择两个堆块。因为只有一个三元块，所以，无论选择哪两个堆块，摆放出来的形体的单元块个数都不会少于7个，因此，不可能摆出只有6个单元块的两层的V块。证明完毕。

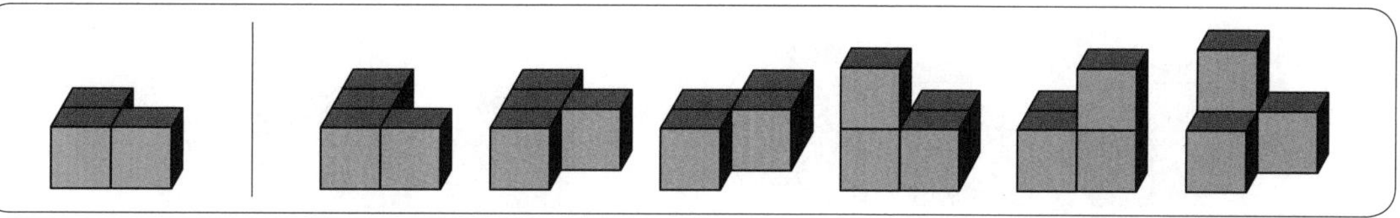

图6.9

2. 间接证明方法：否定命题的陈设引出矛盾。这种方法也被称为反证法。

问题6.4：图6.10所示形体是堆块形体吗？

命题6.6 不能摆出如图6.10所示的2×4的长方体。

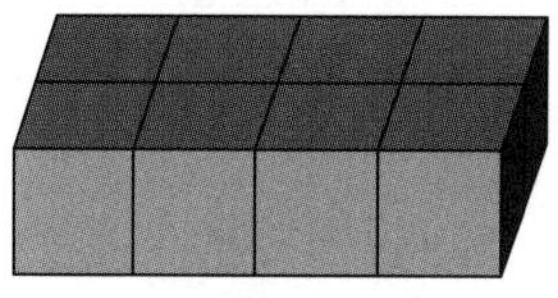

图6.10

证明　第一步，做出相反假设：可以摆出图6.10所示的长方体。根据这个假设我们考虑问题：用哪两个堆块摆出这个形状呢？

第二步，选块思考。首先，摆出图6.10所示含有8个单元块长方体的两个堆块不能有V块，理由是单元块数量不够。其次，不能选择立体块，理由是它们都有两层。接下来只能在三个平面块中选择两块。如图6.11所示。

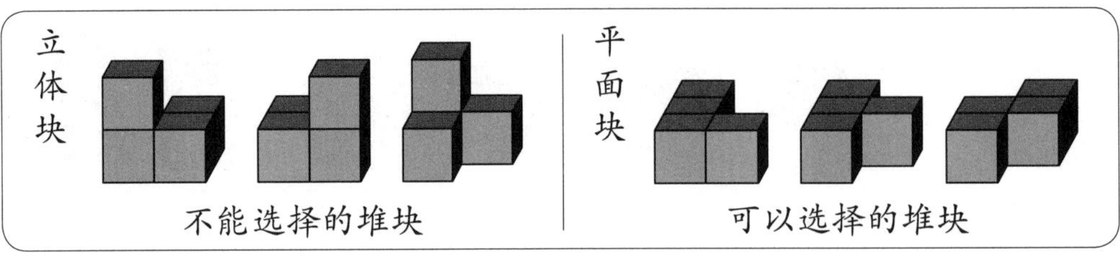

图6.11

第三步，推出矛盾的结论，否定最初的假设。首先，考虑能否选择Z块。我们的目标形状如图6.12所示，如果选择了Z块，那么在

目标形状

图6.12

目标形状中无论怎样放入Z块，在剩余的部分都会出现一个单元块，而这种块，在定义中是没用的，所以，不能选择Z块。其次，考虑剩下的L块和T块。但是，目标形状中一旦放入T块，又会出现放入Z块的情况，出现一个单元块，如图6.13所示。所以，也不能放入T块。最后，只剩下一个L块可以选择了，这与当初假设可以用两个四元块摆出的结论矛盾。

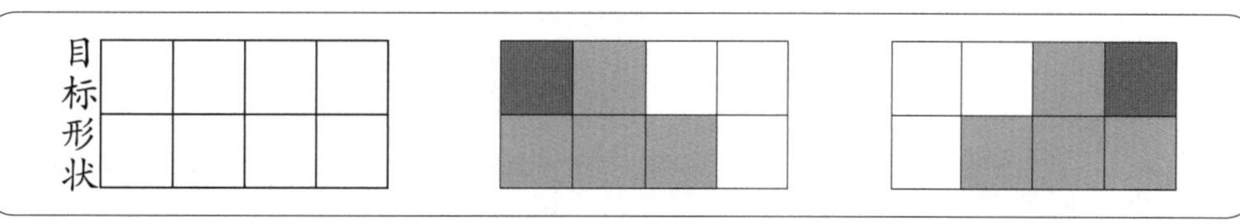

图6.13

证明完毕。

6.3 寻找证明方法的分析与思考

■目标形体

命题证明的方法来自对命题结论的分析与思考。堆块几何命题的结论是关于形体的，我们把命题结论所涉及的形体称为目标形体。

下列命题的目标形体如图6.14所示。

命题：两层和三层的V块都不是堆块形体。

命题：三层的T块是堆块形体，而四层的T块不是堆块形体。

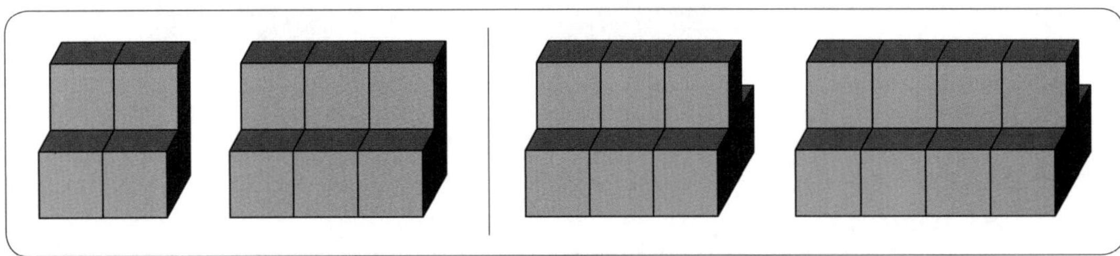

图6.14

寻找证明方法的思路有两种：

一种是从七种堆块出发，选择合适的堆块直接摆出目标形体。这说着容易，做着难，而且，即便选对了堆块，也不一定能够摆出，需要试错过程。

另一种是从目标形体出发，进行目标分解。设想将目标形体分解为一些堆块形体，如图6.15所示。注意，这里只能设想，因为目标形体还没有摆好。如果缺乏想象力，那么这种方法将难以使用。

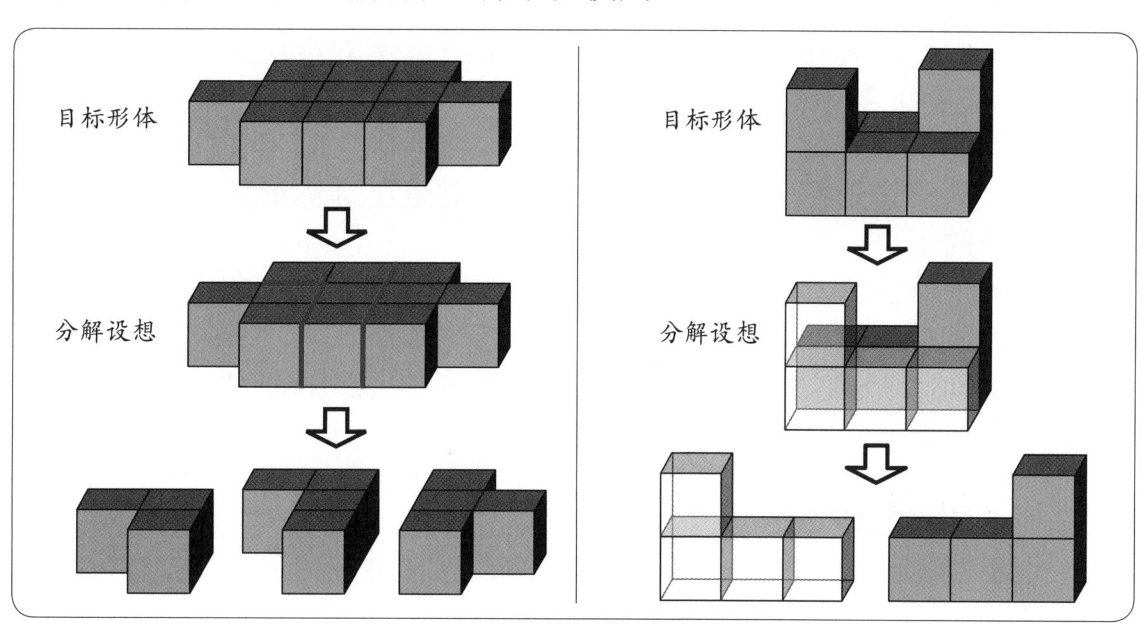

图6.15

■补形

上述两种方法实施起来都有困难，所以，需要给出一种综合二者的方法。先选一个堆块放在那里，然后想象在目标形体中挖去这个堆块后剩下的形体，这个形体我们称之为补形，具体说来，就是所选择的堆块关于目标形体的补形。命题6.6的证明中就提到了在目标形体中放入某个平面块以后剩余的部分，这里的剩余部分就是上面提到的补形。补形概念的定义如下：

补形 某一个形体关于目标形体的补形就是在目标形体中挖掉该形体以后剩余部分的形体。

由于补形的思考和想象对于堆块几何的证明思路分析非常重要，下面给出更多的关于补形的实例。

图6.16和6.17分别是命题6.6在不同位置被挖去Z块和T块后的补形。白色透明单元块代表被挖去部分。

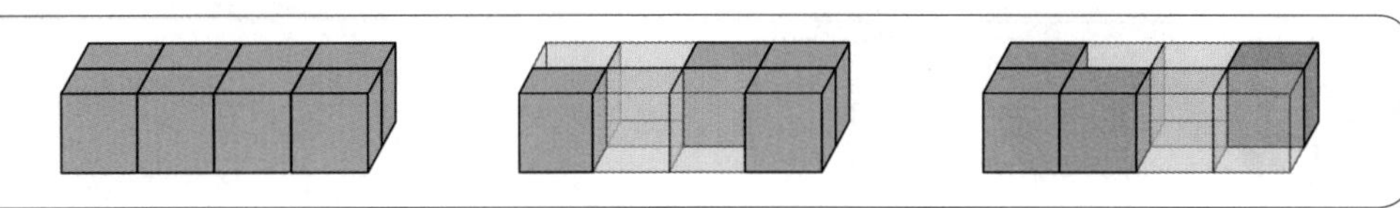

图6.16

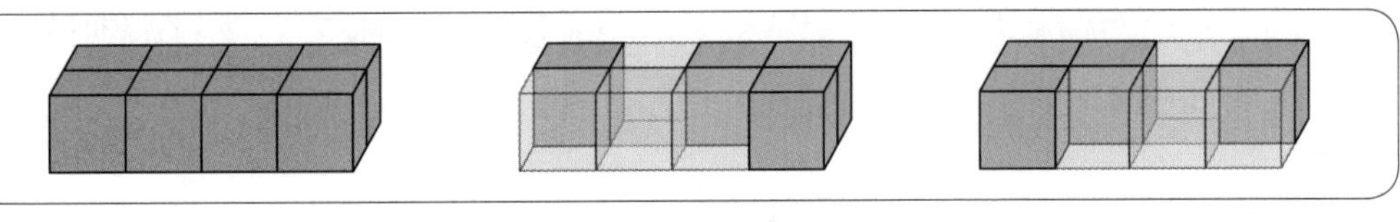

图6.17

图6.18是8个单元块组成的立方体，简称**八元立方体**。

图6.19是八元立方体在不同位置被挖去3d块后的补形。白色透明单元块代表被挖去部分。容易看出3d块的补形还是3d块。

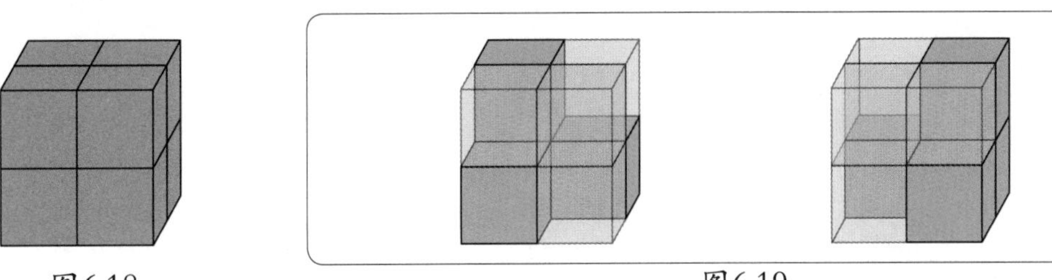

图6.18

图6.19

图6. 20是八元立方体在不同位置被挖去lh块后的补形。白色透明单元块代表被挖去部分。紫色是补形的形状。

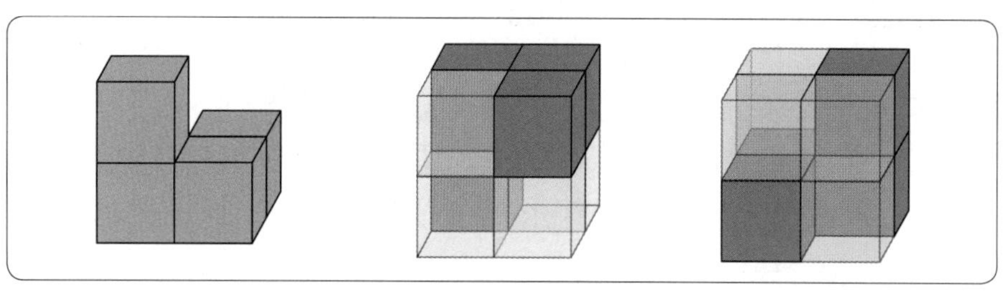

图6.20

图6. 21是八元立方体在不同位置被挖去rh块后的补形。白色透明单元块代表被挖去部分。紫色是补形的形状。

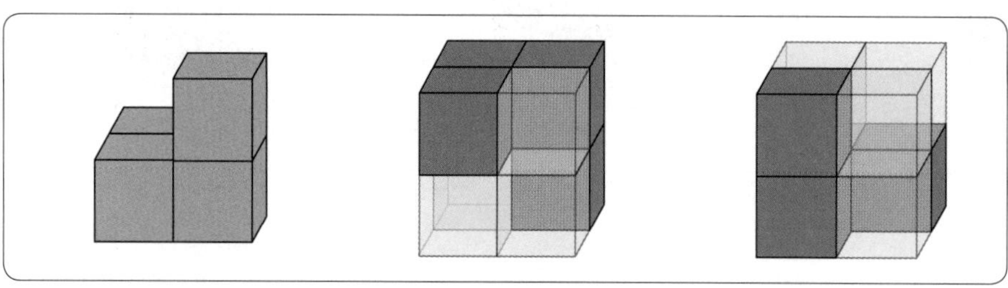

图6.21

作为空间思维训练，请回答下列问题。

问题6.5：图6.22中哪些是八元立方体被挖去lh块后的补形？

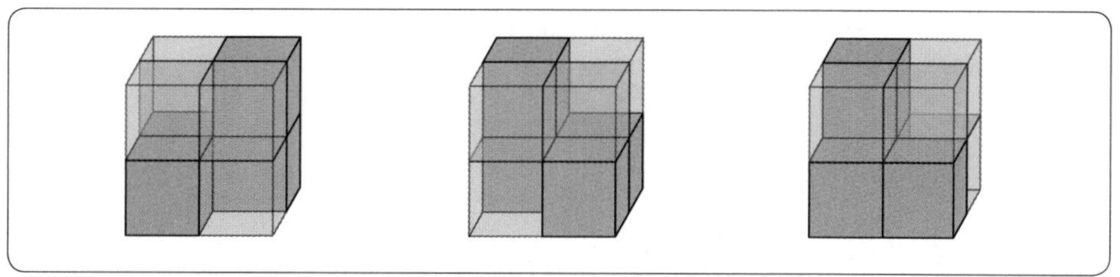

图6.22

问题6.6：图6.23中哪些是八元立方体被挖去rh块后的补形？

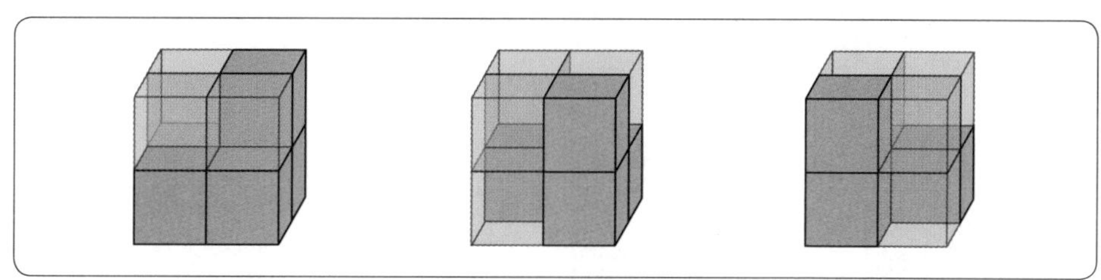

图6.23

通过对上述两个问题及图6.19、6.20和6.21的观察与思考，我们能够提出如下定理：

立体块补形定理 立体块关于八元立方体的补形还是它们自身。

上述定理是对形体而言的，涉及具体形状时会有很多种情况，下面的空间思维训练就是对上述定理所涉及的形状变化的思考。

空间思维训练：标出从原型到补形的初等变换，如图6.24所示。

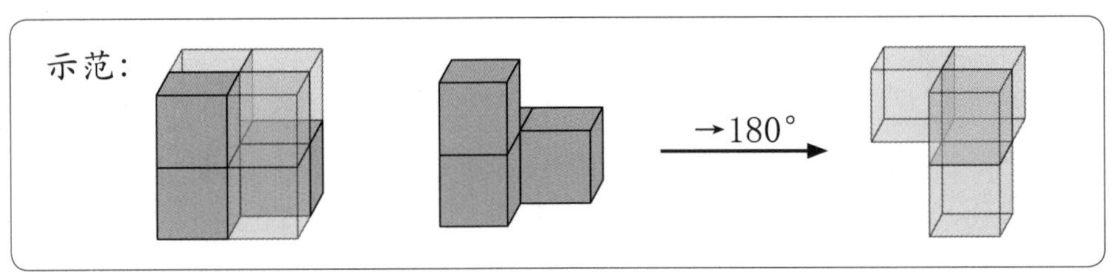

图6.24

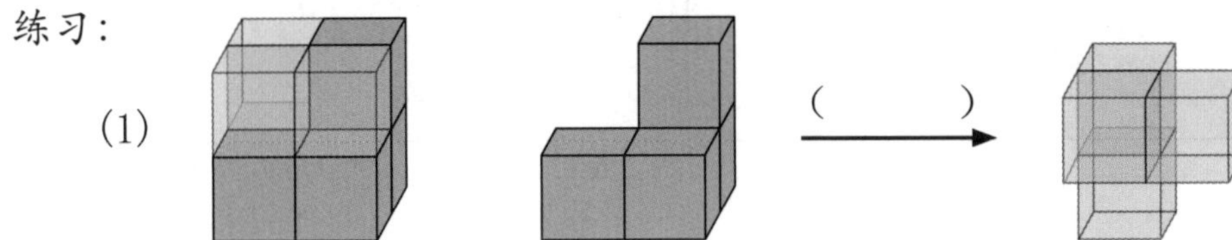

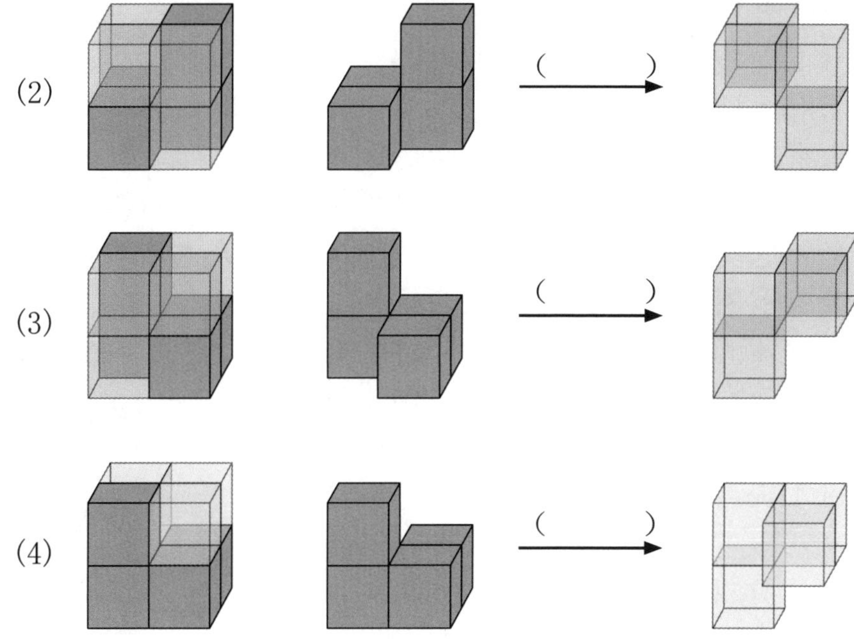
(2)
(3)
(4)

■命题的条件分析

前面给出了寻找证明方法的两种思路。其实还有一种思路，那就是在寻找命题的目标形体摆出方法之前，先思考一下目标形体是不是堆块形体。如果判断该形体不是堆块形体，那就不用证明了。

怎样判断某个命题的目标形体是不是堆块形体呢？解决这样的问题需要许多研究工作。这些工作的任务就是寻找一个形体成为堆块形体的条件。

已经用堆块摆出的形体肯定是堆块形体，可以先考虑堆块形体的特点，想一想它们有什么特征？最容易把握的特征是数量特征，就是堆块形体所包含的单元块数量。因为堆块形体的构件只有三元块和四元块，而且只有一个三元块，所以堆块形体的单元块个数除以 4 ，结果只有两种：一种是除尽了，余数是 0 ；另一种是除不尽，余数是 3 。图6.25给出了两个形体，上面的形体由 6 个单元块组成，肯定不是堆块形体。

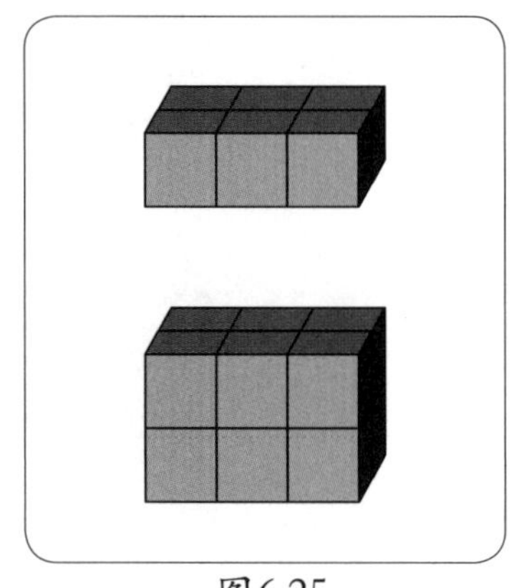

图6.25

这个有关堆块形体单元块数量的结论可以写成下面的定理:

堆块形体的单元块数量定理 如果一个形体是堆块形体，那么，这个形体所包含的单元块数量是4的倍数，或者是4的倍数加3。

这是一个形体成为堆块形体的必要条件。也就是说，如果不满足这个条件，那么该形体肯定不能用规定的堆块摆出。

图6.26给出了3个形体，利用上面的定理很容易判断出左边的两个不是堆块形体。因为它们的单元块个数分别是9和18。右边的形体可能是堆块形体，因为它的单元块个数是27，且，27=4×6+3。

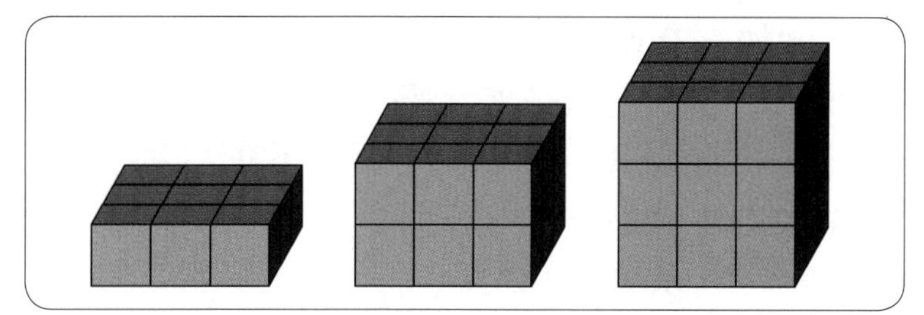

图6.26

满足堆块单元块数量条件的形体，一定是堆块形体吗？答案是否定的。图6.27所示的形体满足单元块数量要求，却不是堆块形体。这说明单元块数量的条件只是必要条件，不是充分条件。

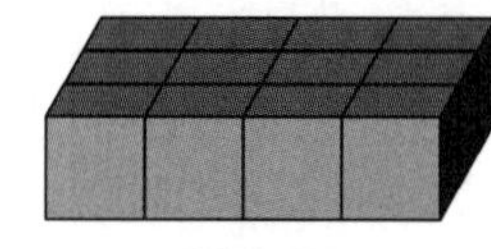

图6.27

■必要条件与充分条件

设想有两个判断，A和B，而且命题：如果A那么B，成立。这时就称：A是B的充分条件，B是A的必要条件。

用符号表示：若A则B（即：A → B），

那么A是B的充分条件，B是A的必要条件。

例如，有两个判断：1. 我有橘子。2. 我有水果。请思考，在若A则B的推理中，哪个判断是A，哪个判断是B。

图6.28给出了橘子、苹果和香蕉三种水果的图片，当然水果不止这三种，思考橘子与水果概念的包含关系可以知道：

判断A：我有橘子。

判断B：我有水果。

我有水果是我有橘子的必要条件。我有橘子是我有水果的充分条件。因为我已经有橘子了，这就充分保证了我一定有水果。

说B是A的必要条件，就是说B对于A来说是必不可少的，如果没有B，那么A肯定不成立。

图6.28

再看一个例子。命题：如果植物生存，那么必须有水。有水是植物生存的必要条件。当然，单靠有水这个条件并不能保证植物生存，没有阳光也不行。如果有植物生存，那么可以断定一定有水。

在思考一个目标形体是不是堆块形体时，首先要考虑该形体是否满足堆块形体的必要条件。当然，堆块形体的必要条件不止一条，单元块个数的条件只是其中的一条。随着研究的深入，我们可以不断总结这些必要条件。我们可以设想如果必要条件足够多，就可能得到充分条件。

6.4 堆块几何命题证明的示范与练习

■证明示范

证明图6. 29和6. 30所示命题。

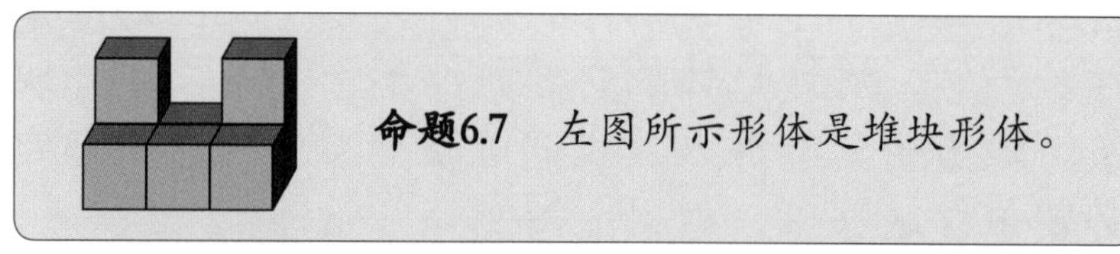

命题6.7 左图所示形体是堆块形体。

图6.29

命题6.8 左图所示形体不是堆块形体。

图6.30

证明思路分析：首先检查命题的必要条件。因为命题6. 7和6. 8的目标形体都是由8个单元块组成，满足堆块形体的必要条件，所以可以继续考虑堆块的选择和摆放方法。由于目标形体是由两个四元块构成的，比较简单，可以直接选择堆块进行摆放尝试。

先考虑命题6. 7的目标形体，在三个立体块中选择两个，而且以底层三个单元块，上层一个单元块的形状摆放，如图6.31所示。

如果选择lh块和rh块，那么无法摆成目标形体所要求的形状，如图6.32所示。所以只能选择lh块和3d块，经过适当的旋转变换可以摆出目标形体，如图6.33所示。

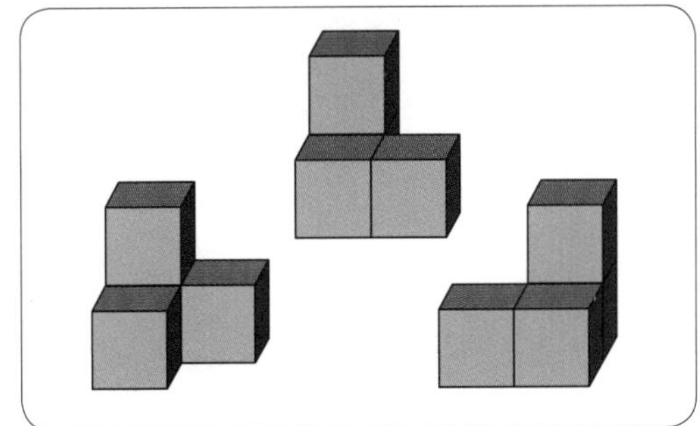

图6.31

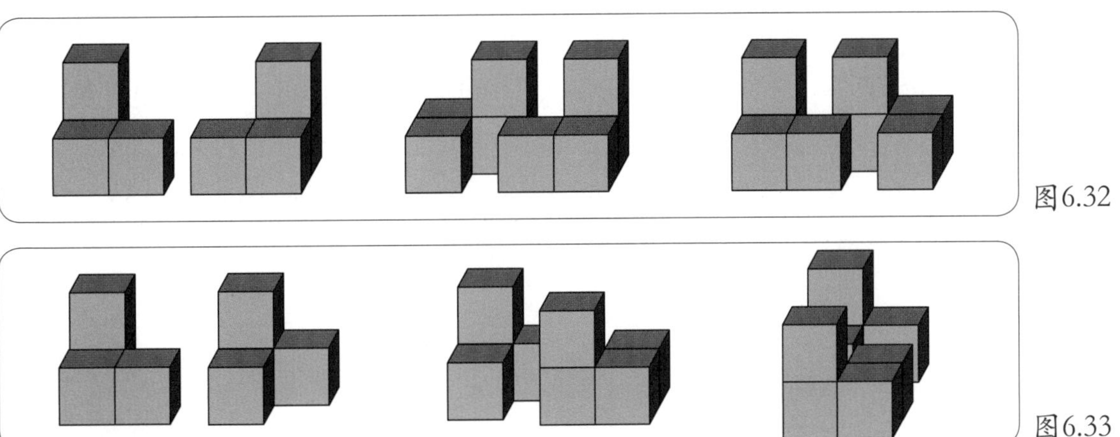

图6.32

图6.33

现在考虑命题6.8的目标形体，在三个立体块中选择两个按照命题6.7的方法摆放。反复尝试难以成功，因此选择另一条思路，从目标形体开始思考。设想在目标形体中放入一个立体块后的补形，如图6.34所示。

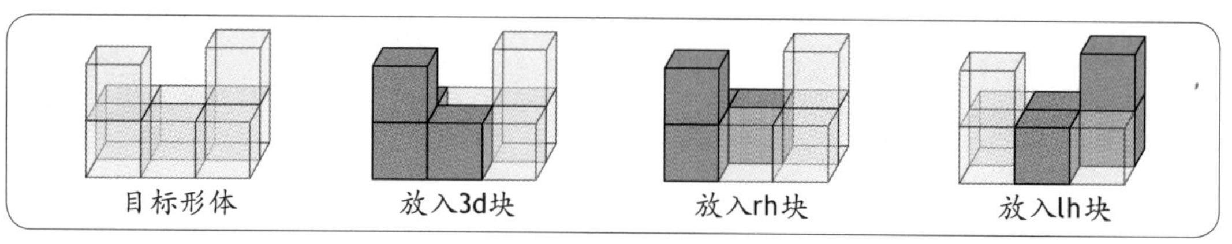

图6.34

我们发现3d块和rh块关于这个目标形体的补形都是自己。lh块关于这个形体的补形为两部分：一个单元块和一个V块。因为每一种立体块只能使用一次，而单元块不是堆块，所以，不能用立体块摆出这个目标形体。

接下来只能考虑三个四元平面块。Z块和T块只能放入这个目标形体的底层，放入后的补形都不是堆块，如图6.35所示。

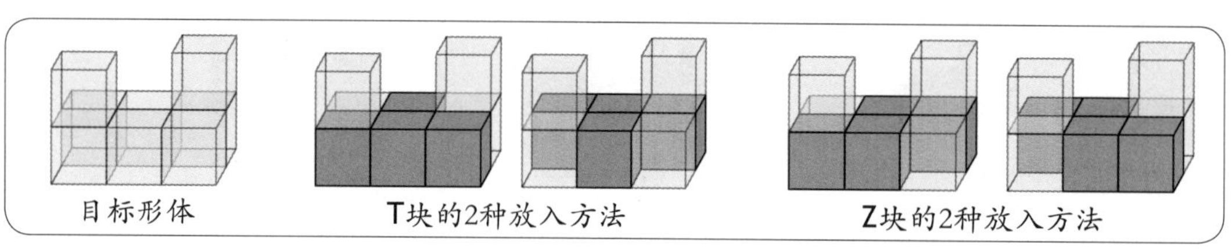

图6.35

至此，已经证明了这个目标形体不能摆出，理由是：既然Z块和T块都不能使用，那么只剩一个L块。但目标形体由8个单元块组成，需要两个四元块，因此，目标形体不能由平面块摆出。

如果先考虑放入L块，如图6.36所示，放入后的补形或者不是堆块，或者是L块自己，因此，这个目标形体不能按照规定使用L块摆出。接下来就是上面T块与Z块的讨论结果。

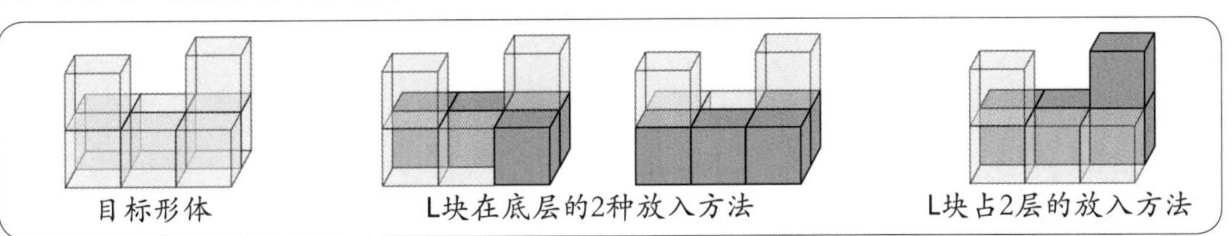

图6.36

因为堆块几何的证明不要求用文字表述，所以命题6.7的证明只要按照图6.36所示摆出目标形体就可以了。命题6.8的证明则需要一些文字说明。

下面给出命题6.8的证明示范。

证明　第一步，考虑目标形体中放入一个立体块的情况。通过想象摆放堆块后的补形，我们发现这个补形或者是已经放入的立体块，或者是分开的单元块和V块。这说明不能使用立体块摆出目标形体。

第二步，再考虑放入平面块的情况。因为T块和Z块只能放在目标形体的底层，且放入后的补形会出现单元块，所以不能使用这两种平面堆块摆出目标形体。只剩下L块和V块可以选择。因为这两个堆块的单元块数量之和是7个，所以无法摆出由8个单元块组成的目标形体。

综上所述，不能用七种堆块摆出本命题的目标形体。

证明完毕。

证明八元立方体不是堆块形体。证明示范如图6.37所示。

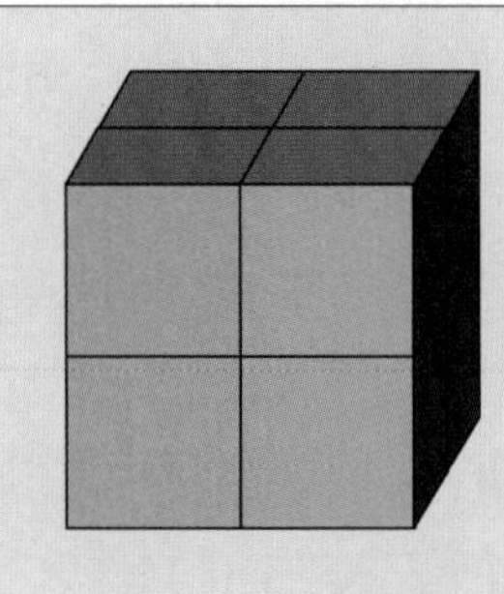

命题6.9 左图所示形体不是堆块形状。

证明 因为八元立方体由8个单元块组成，所以要选择两个四元块；因为平面四元块长度都是3个单元块，所以不能选择，而只能从3个立体块中选择，即选择3d块、lh块或rh块；而根据立体块补形定理，无论选择哪一个立体块，其补形都是自身，这不满足堆块几何公设。证明完毕。

图6.37

命题6.10，如图6.38所示。证明方法的分析与思考示范如下。

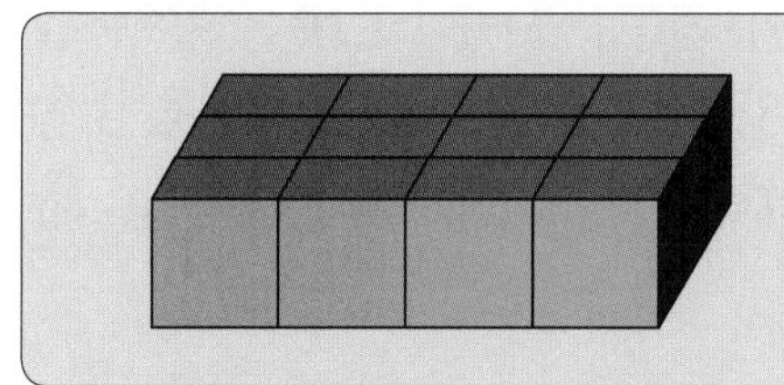

命题6.10 左图所示形体不是堆块形体。

图6.38

证明方法的分析与思考：因为命题要求的形体只有一层，所以不能选择立体块。因为命题要求的形体由12个单元块组成，所以只能用L块、T块和Z块来摆放。

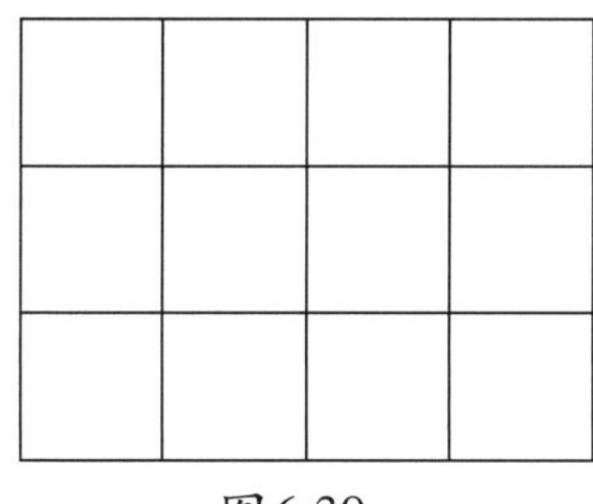

图6.39

由于是只有一层的形体，我们不妨考虑平面格子图，如图6.39所示。

我们首先考虑对称性最差的Z块，把它的标志形状放入图6.39所示的格子图中，考虑其补形是否能够由两个平面堆块摆出，如图6.40所示。

图6.40中，(a)和(c)的Z块放入位置不行，因为在补形中会出现红色的单元块；而(b)和(d)的位置放入Z块后，在补形中都需要两个L块才能完成命题的形状摆放，所以，不能放入Z块。这证明用3个四元平面块不能摆出含有12个单元块的单层长方体。再考虑之前已经排除的3个立体块和V块，命题6.10可以得到证明。

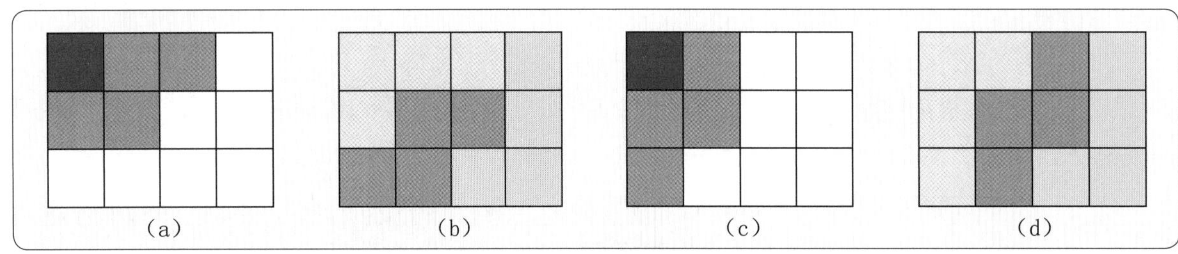

图6.40

根据上述分析我们可以写出本命题的证明如下。

证明 因为命题要求的形体只有一层，所以不能选择立体块；因为命题要求的形状由12个单元块组成，所以不能选择V块，只能用L块、T块和Z块来摆放；

下面证明不能使用Z块。考虑目标形体中放入Z块后的补形。图

6.40给出了放入Z块后所有情况的补形形状，因为(a)和(c)的补形中含有少于4个单元块的形状，不能采用；因为(b)和(d)的补形必须用2个L块来实现，也不能采用，所以，不能使用Z块。

证明完毕。

■证明练习

证明有关下列形体的命题。

练习1：证明八元立方体移出一个单元块后的形体是堆块形体，如图6.41所示。

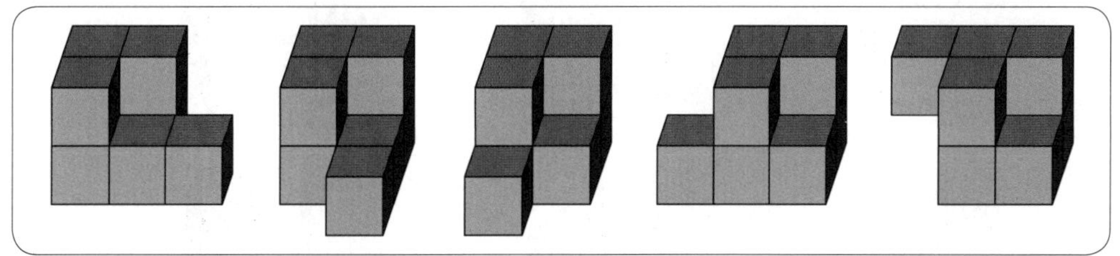

图6.41

上述命题的目标形体都是由2个四元块构成的，比较简单，下面是一些由3个四元块构成的形体。

练习 2：证明图6.42所示形体都是堆块形体，而图6.43所示形体都不是堆块形体。

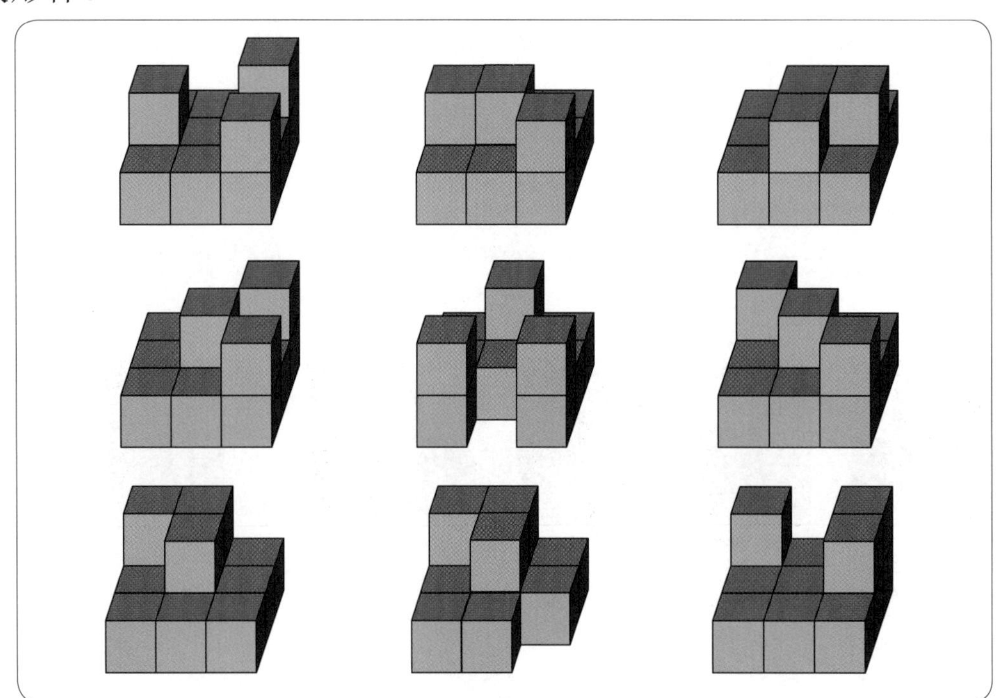

图6.42

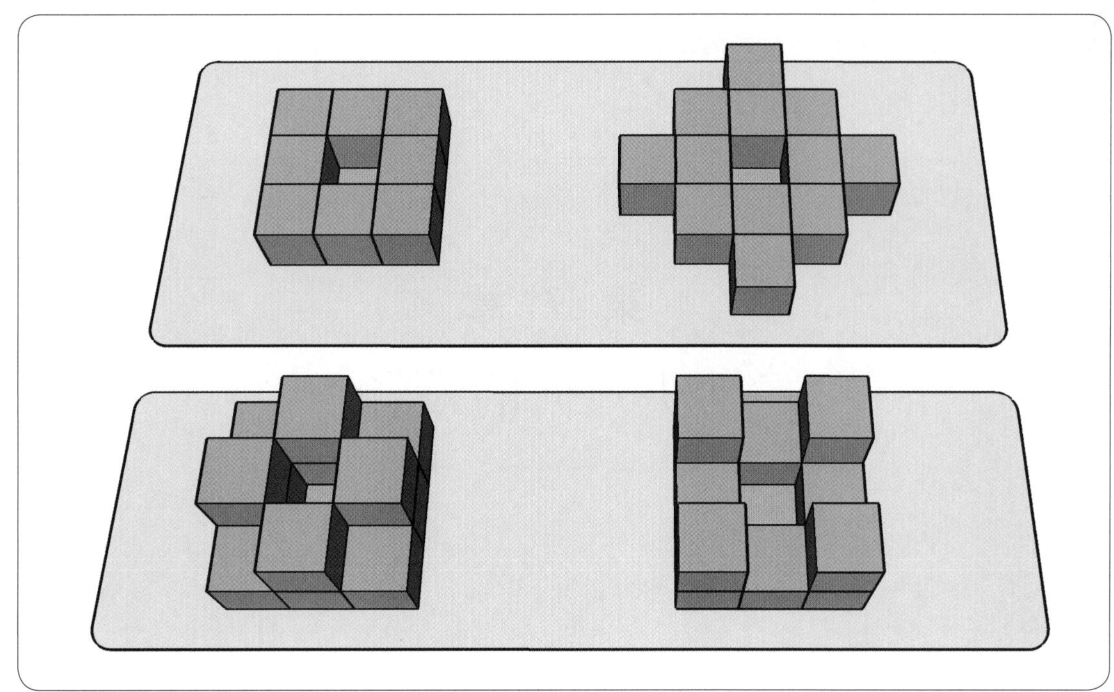

图6.43

第 7 章

堆块几何的设计

本 章 导 言

欧几里得几何研究的图形是用直尺和圆规画出的。用这种画法可以随意画出很多图形。欧几里得在《几何原本》中作为命题所选择的图形是经过精心设计的。从正三角形、四边形、五边形、六边形、十五边形到正十七边形，可以看出这种设计的追求与思路。欧几里得没有给出正十七边形的画法。经历了无数失败的尝试，画出正十七边形的问题成为著名的几何学难题。从这个问题的提出到大数学家高斯给出画法，经历了2000多年的时间。很少有学问可以持续2000年以上。堆块几何研究的形体由七种堆块摆出，也可以随意摆出很多形体，堆块几何的形体也是需要设计的。本章所关注的正是堆块几何的设计。因此，本章给出了设计形状与涂鸦形状的区别方法；论述了涂鸦、模仿、创造这三种行为以及堆块几何的设计追求；指出了堆块几何的两类设计——针对学生的设计和针对研究者的设计；作为示范，还给出了一些与平面形状和立体形体相关的设计问题和命题。

7.1 涂鸦形状与设计形状

涂鸦形状与设计形状的区别

可以随意地摆出很多形状。把4个平面块平铺在平面上随意摆弄一下就会出现一种形状，如图7.1所示，我们把这种随意摆放的形状称为涂鸦形状。

而图7.2所示的形状不是涂鸦形状，是设计形状。那么，怎样区别涂鸦形状与设计形状呢？

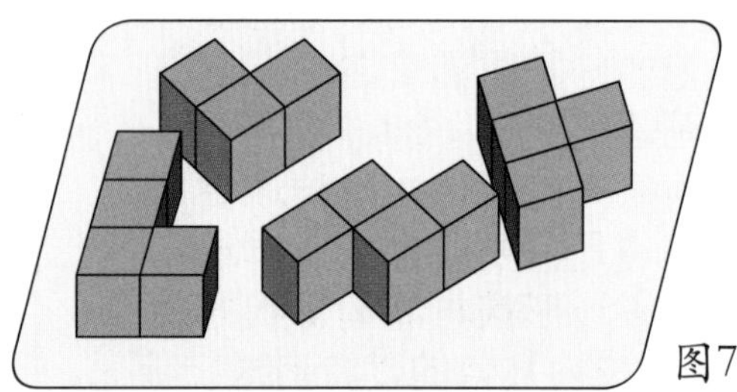
图7.1

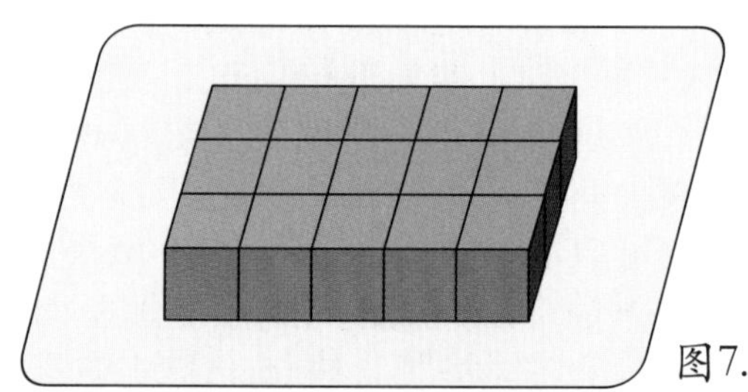
图7.2

区分涂鸦形状和设计形状的方法就是将这个形状破坏后试一下能不能复原，如果不能够复原，那就是涂鸦形状，如果能够复原，那就是设计形状。

以图 7.1所示的形状为例，如果把这4个堆块拿走，重新摆放原来的形状，当摆放L块之后再摆放V块和Z块时，就会遇到问题。因为无法确定这两块的倾斜角度和彼此之间的距离，所以无法准确地恢复原来摆放的形状。

图7.2所示的形状就不同了，把它拆散，总能够准确地摆出原来的形状。图7.3展示了恢复两种形状时的实际情况。

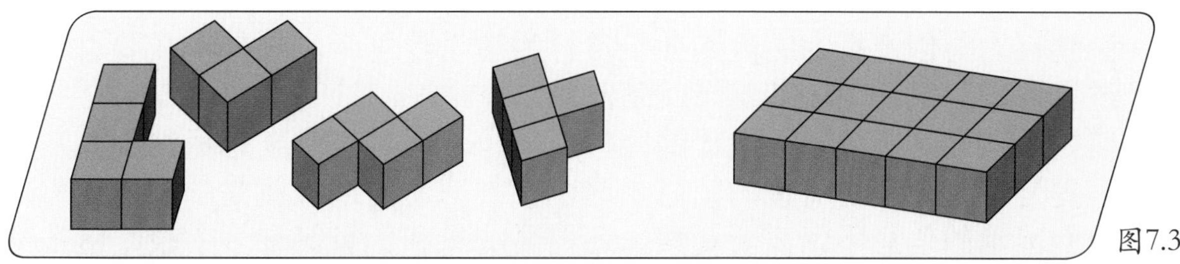

图7.3

可以设想：如果对涂鸦形状进行准确测量、计算和记录，就可以复原了。但是，一旦经过准确的测量、计算和记录，涂鸦就变成设计而不再是涂鸦了。这就像某些商标图案和标识，看似随意的几笔，但是在设计图样中，对这几笔所描绘的形状却有准确的尺寸和角度要求。

7.2 设计与思考

■涂鸦、模仿与创造

涂鸦行为与创造行为的区别在于对行为的设计思考，凡是不需要思考、不经过思考的随意作为，其结果就是涂鸦。

模仿被认为是一种缺乏设计的行为，但是，模仿也需要思考。因为，模仿的前提是得到被模仿对象的信息，这个接收信息的过程就是学习的过程，要想得到准确的信息不仅需要观察，还需要测量和计算等许多手段，这在某种程度上已经属于探究和研究了。所以说：学习是模仿的起步，首先要感觉接收被模仿对象的全面信息，然后，经过思考将感觉信息提升为知觉理解，指导模仿行为。由上述分析可知，模仿也是分不同水平的，模仿中也包含了探究和设计，模仿也有对需求、要求和追求的思考。

创造是设计行为，是设计思考后的行为，这种思考赋予了创造和设计的价值。而很多创造都是从模仿开始的。

商品和商标的设计体现了顾客的需求、制造商的要求以及设计师的追求，这种追求不仅是为了满足上述需求和要求，还有对设计本身在艺术和价值方面的追求。

图7.4给出了一些商品的设计图，从图中可以看出“三求”的关系：市场有需求，厂商提要求，设计师去追求。

市场有需求

厂商提要求

设计师去追求

图7.4

摆放堆块的行为也有涂鸦、模仿与创造的区分，不同的行为摆出不同的形状和形体。设计形状是经过思考的，能够从中看出设计思路。

图7.5给出了6种堆块形状，通过分析这些形状可以判断摆放这些堆块的行为属性是设计还是涂鸦。

图7.5的(1)肯定是涂鸦形状；(3)与(4)是设计形状，可以看出(3)的思路是追求一种动物的造型，(4)是追求对称性；剩下的3个图有设计思路，不是涂鸦形状，只是设计意图不明确，也可能是追求某种设想但没有实现，是设计的半成品。

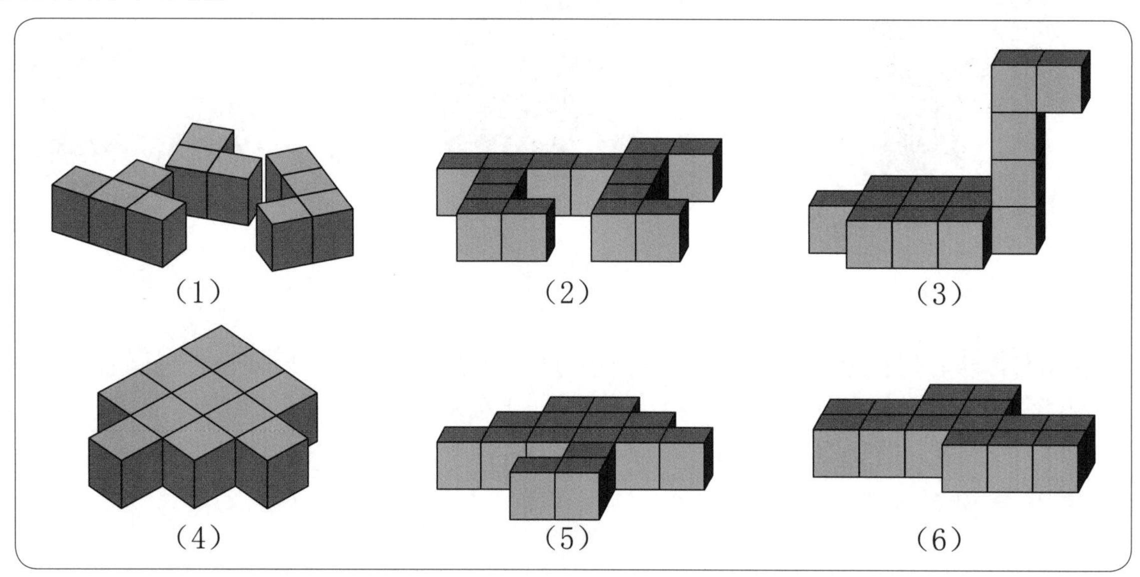

图7.5

■堆块几何的设计

设计是思考了需求、要求和追求之后的行为。几何学没有商业化的需求与要求，只有研究者的追求，那么，体现研究者追求的几何学设计是什么？是一系列关于图形的问题和命题。

在《几何原本》中可以清楚地看到这种设计思路。欧几里得设计的第一个命题就是画出等边三角形，也就是正三角形；接下来的命题是画出线段的垂直平分线，用这种方法很容易画出圆内接正方形；之后是正五边形、正六边形等，直到给出了一个著名的几何问题：用直尺和圆规画出正十七边形，如图7.6所示。这个问题从提出到最后由高斯给出画法，经历了2000多年的时间，足以证明问题的设计对于一门学科持续发展的推动作用。

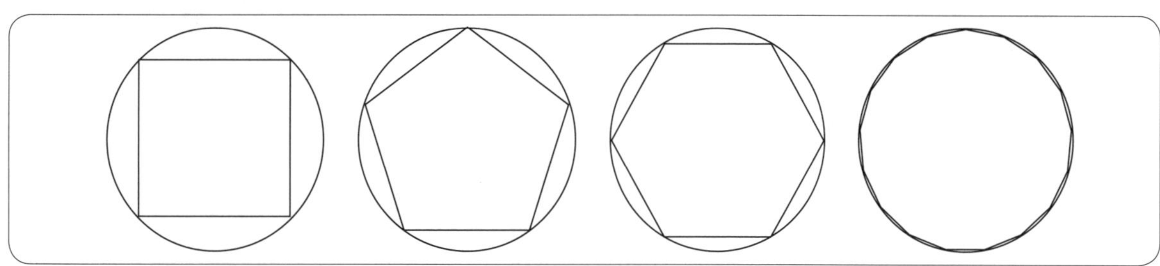

图7.6

堆块几何的设计是关于堆块形体的。只有用四种平面块设计一层的形体时，才说是关于形状的设计。堆块几何设计的结果也是给出一些关于堆块形体的问题和命题。

堆块几何的设计可以分为两类，一类是教师给学生设计的问题和命题，设计所考虑的是检查和评价学生对研究方法的掌握和空间思维能力的训练水平。命题7.1和问题7.1就是这种设计的例子，如图7.6所示。

命题7.1 两层的L形体是堆块形体。

问题7.1：摆出两层L形体的方法有几种？

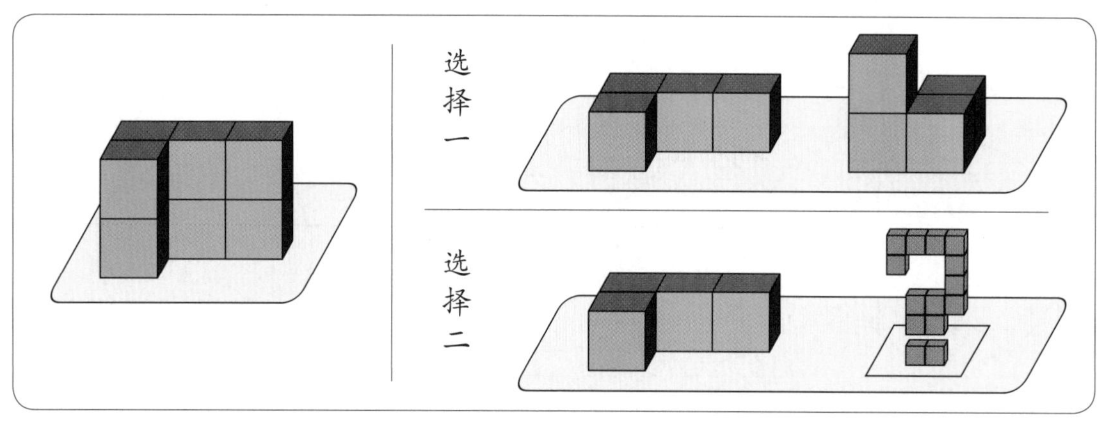

图7.6

另一类设计是研究者给自己设计的问题与命题，当自己无法解决时，这些问题与命题就成为给所有研究者的设计。这类设计的追求与欧几里得几何一样，是对于更多奇妙的堆块形体及其构造方法的认知和掌握。例如：

问题7.2：L形体最多能够摆几层？

问题7.3：为什么T形体的摆放层数没有L形体的摆放层数多？

这两个问题都是有一定摆放经验者提出的，如果认为这两个问题是研究者设计的，那么可以考虑一下设计者的追求。

命题7.2 图7.7所示的形体是堆块形体。

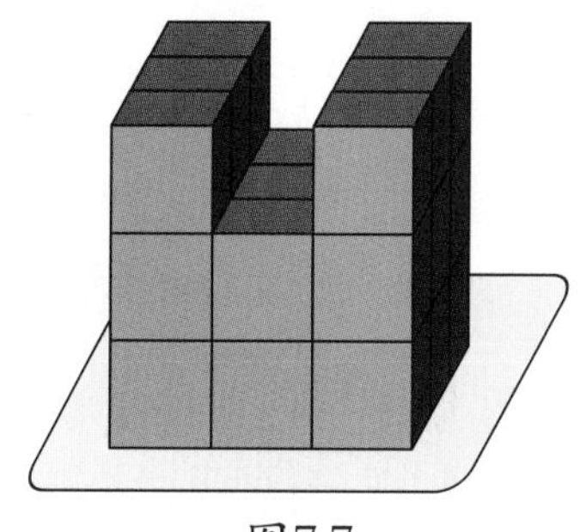

图7.7

问题和命题的设计就是规划堆块几何的求知方向。下面将本着由易到难的顺序，分别介绍由平面堆块构成的平面形状设计和由所有堆块构成的立体形体设计。

7.3 平面形状的设计

设计是受限制的，因而设计的思考就包括对限制的思考。建筑师在设计建筑物的时候必须考虑建筑材料的限制，在设计桥梁的时候考虑的限制更多。著名的美国塔科马海峡大桥被风吹垮的案例（图7.8），就是设计师没有考虑气流作用对桥身结构尺寸的限制所造成的。涂鸦不考虑限制，因此涂鸦不是设计，更不是创造。结构越复杂的创造物受到的限制越多。

图7.8

堆块几何对堆块数量和形状的限制就是为了培养研究者的设计和创作能力。我们使用的堆块没有单元块。不使用单元块是为了提高摆放形状时的思维与想象水平。如果有单元块，任何形状都可以很容易地摆出，不仅不能锻炼空间想象与思维能力，而且也不会引起人们的兴趣。

可以利用2块、3块或者4块平面堆块自己设计一些平面形状，并提出相应的命题。

■平面形状设计示范

平面堆块只有四种，用它们能够摆出哪些平面形状呢？因为对称性是美的基本元素，所以一直是几何学研究者的追求。正多边形和正多面体早在古希腊时期就得到了研究。正多面体只有5种，被称为柏拉图多面体。四种平面堆块的对称性都不如矩形，用它们摆出对称的形状，就需要思考和想象。图7.9展示了4种平面堆块形状与矩形和正方形的对称性比较。

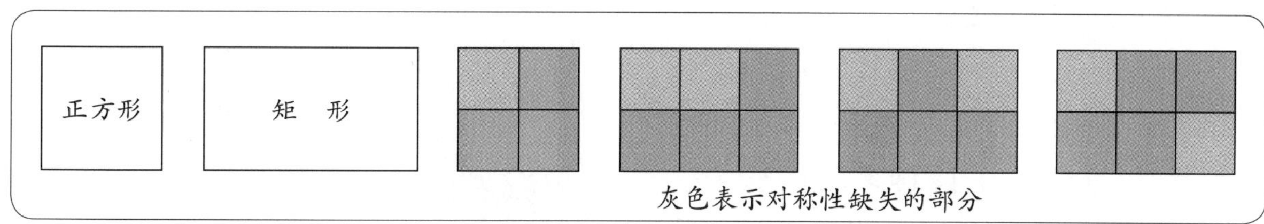

图7.9

图7.10给出了一些具有对称性的形状设计，这些都是堆块几何平面形状的设计。

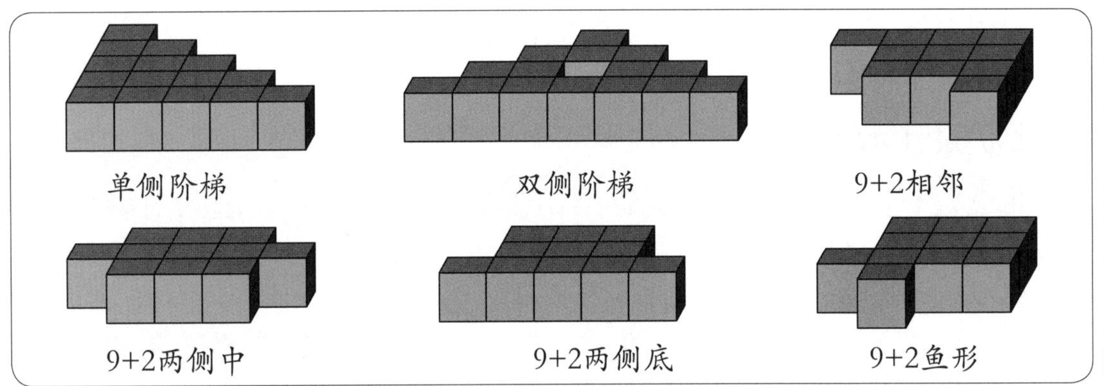

图7.10

■放入式分布设计

图7.10中提到了“9+2鱼形”和“9+2两侧中”等形状名称。

图7.11展示了这种名称的含义：“9”指的是绿色的正方形，“2”指的是靠在正方形旁边的2个紫色单元块。

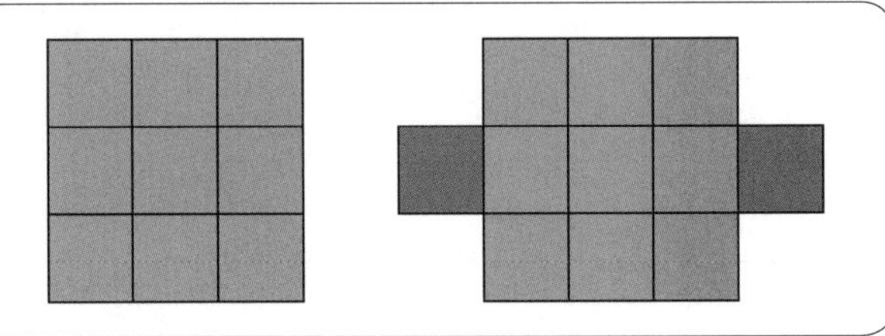
图7.11

图7.12中的数码方格表示了单元块的分布位置。将两个单元块放入这16个位置当中，会有多少种不同的分布形状呢？在这些分布形状中，哪些具有对称性？这些就是平面形状设计所考虑的问题。

如果“1-3分布”代表把单元块放在带有数码1和3的格子内，如图7.13所示，那么具有对称性的形状名称如下：4-6分布，3-7分布，2-8分布和1-9分布，这些分布关于图7.12中的红线对称；其他的对称分布有：4-10分布，3-11分布和5-9分布，这些分布关于图中蓝线对称。

在图7.13中的数码方格中放入2个单元块的分布统称为“9+2分布”。

设计有时就是一种选择，图7.10给出的平面形状设计示范，有4个是从“9+2分布”的形状中选择的。选择的标准就是对称性。

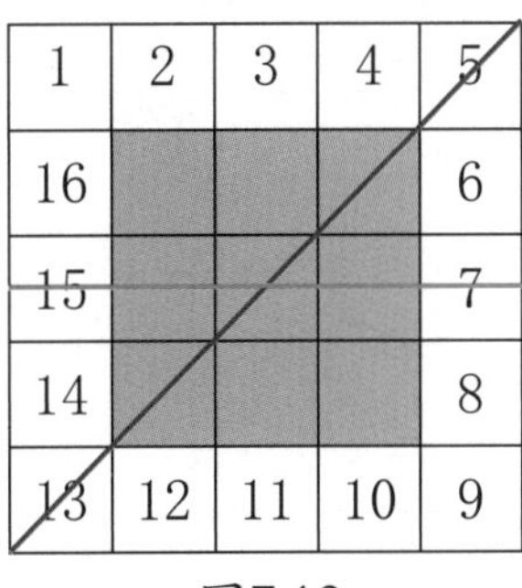

图7.12

图7.13

图7.14给出了更多具有对称性的形状。

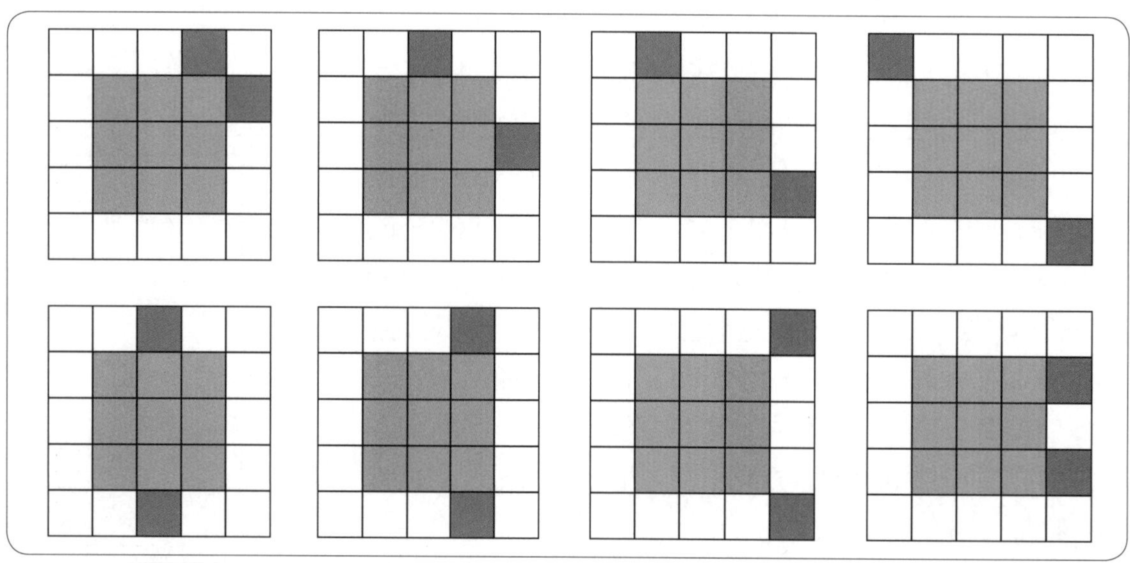

图7.14

■平面移动分布设计

四个平面堆块共有15个单元块，可以摆成图7.15中的绿色矩形。我们可以设想从这个矩形中取出1个单元块，把它放在矩形旁边的20个格子中。这又是一个分布设计问题，是“移出＋放入”的分布设计。这种分布中哪些是具有对称性的分布呢？图7.16给出了具有对称性的设计形状。

1	2	3	4	5	6	7
20	1	2	3	4	5	8
19	6	7	8	9	10	9
18	11	12	13	14	15	10
17	16	15	14	13	12	11

图7.15

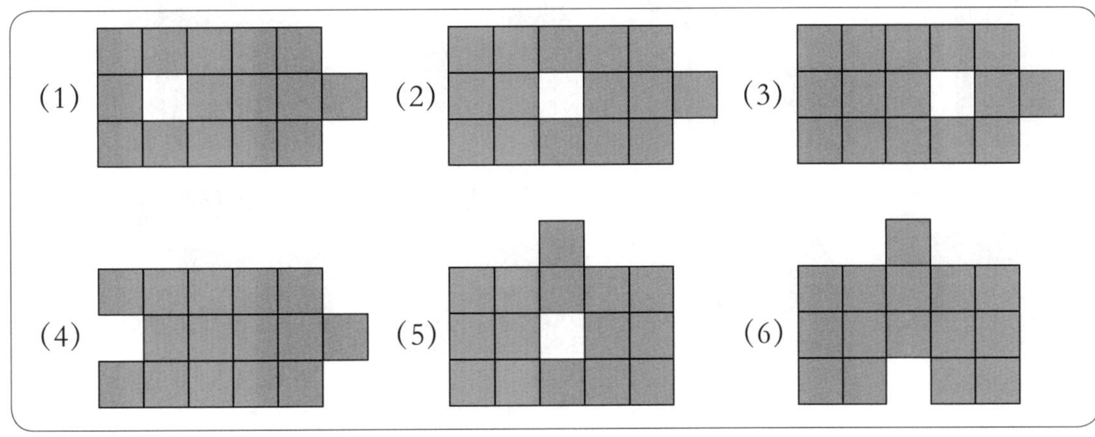

图7.16

7.4 立体形体的设计

立体设计远比平面设计内容丰富。与二维的平面形状相比，立体形体是三维的，增加的维度为立体设计提供了更加广阔与自由的思维与创造空间。图7.17给出了一些堆块的立体形体设计，通过分析这些形体可以判断摆放行为。我们可以将设计分为如下主题：仿形、对称体、放大、单元块分布与移动等，当然还有涂鸦。

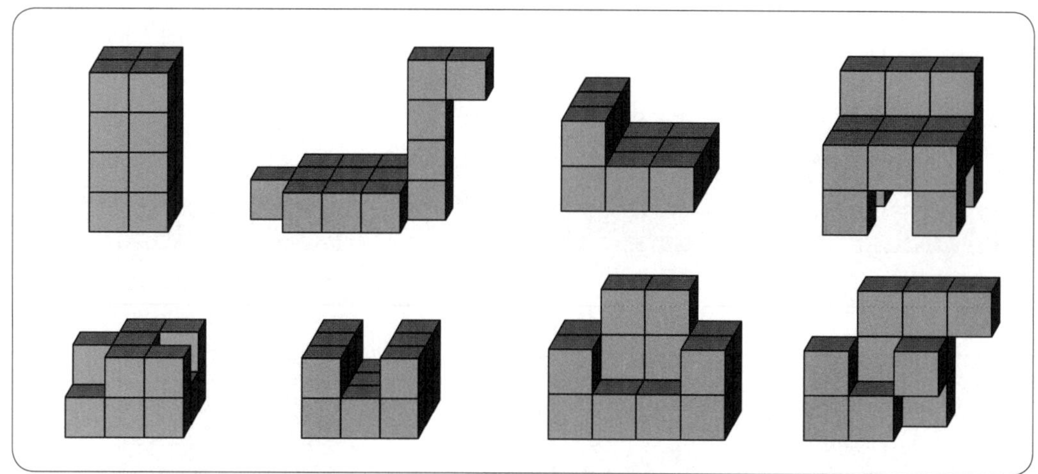

图7.17

仿形设计

图7.18给出了模仿动物和生活用品的形体设计。

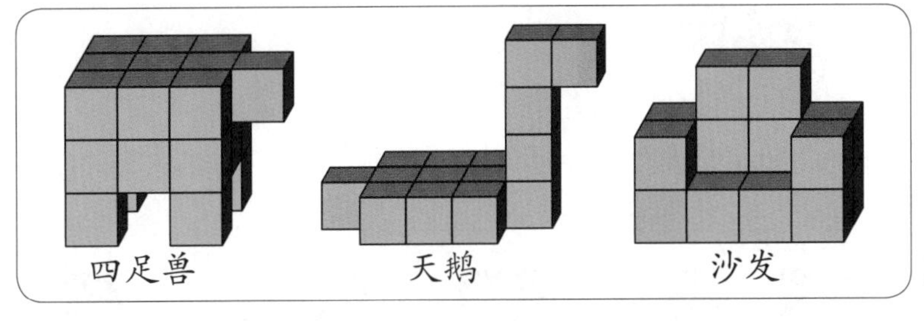

图7.18

形体放大设计

图7.19给出了L块和V块的形体放大设计。

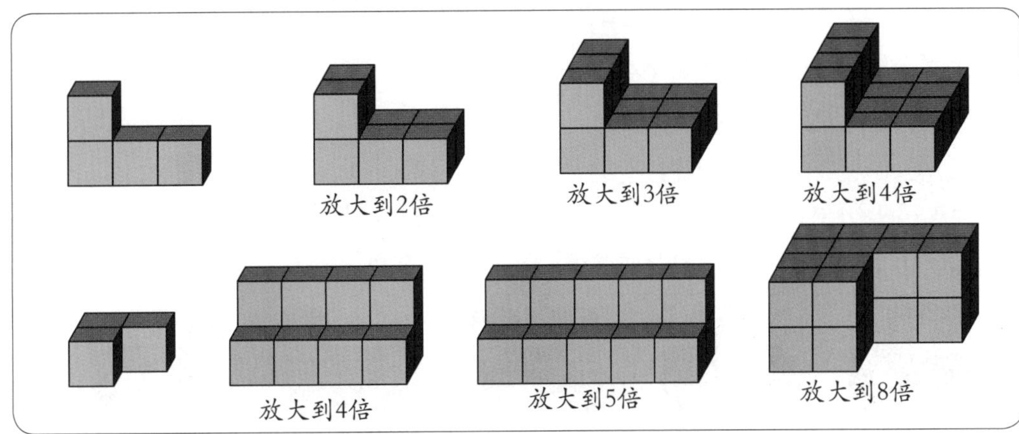

图7.19

单元块分布设计

1. 两块构造的分布设计

我们已经知道八元立方体不是堆块形体，从八元立方体中移出一块靠在旁边，就会产生很多分布，如图7.20所示。

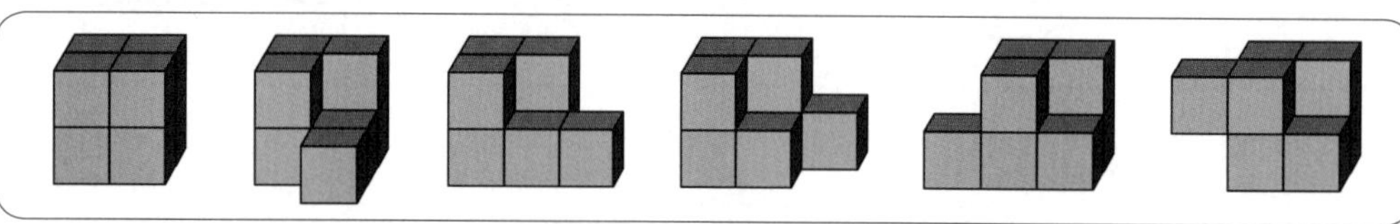

图7.20

2. 三块构造的分布设计

平面形状设计时，我们讨论过“ 9 + 2 分布”，其中“ 9 ”代表九宫格，“ 2 ”代表放在九宫格旁边的两个单元块。现在，作为立体设计，我们可以把两个单元块放在九宫格的上层，得到如图7.21所示的形体。这些形体中都使用了V块，可以称为“立体 9 + 2 分布”。

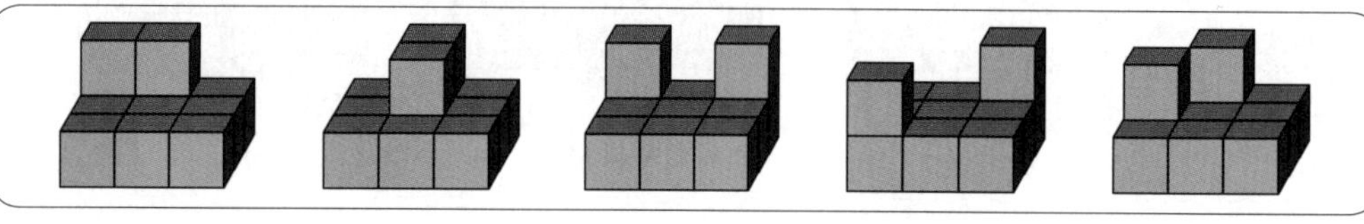

图7.21

如果在这种分布中不使用V块，那么就会出现“立体 9 + 3 分布”，如图7.22所示。

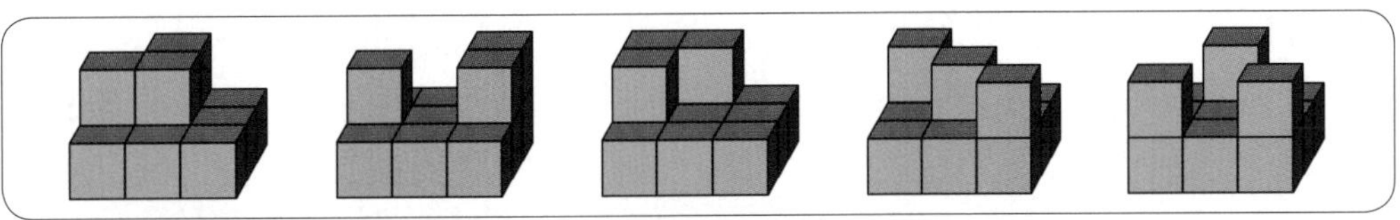

图7.22

3. 四块构造的分布设计

图7.23给出了两层的九宫格，简称为九宫台。这个立体不是堆块形体，因为单元块的数量不对，多了2块。如果移出2个单元块，那么剩下的补形就可能是堆块形体。图7.24给出了一些堆块移出的分布设计。

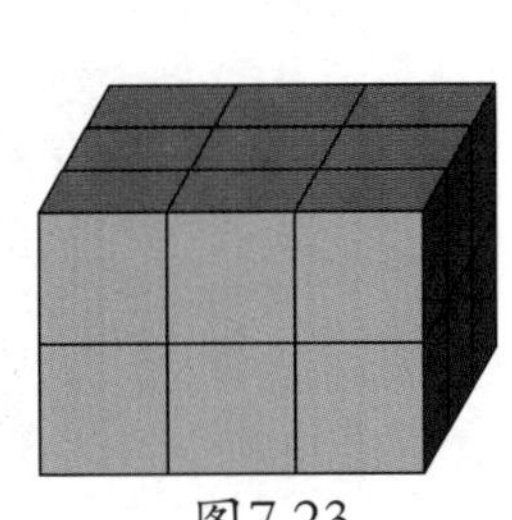

图7.23

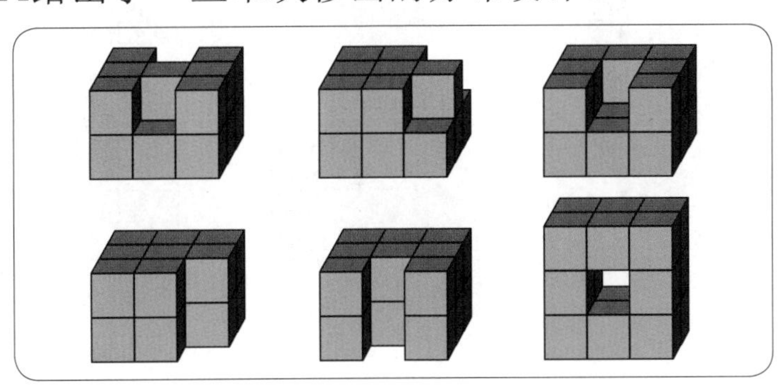

图7.24

4. 三层的立体设计

图7.25给出了一个由单元块组成的3层的立方体，简称为27块立方体。这是堆块形体。如果移出3个单元块，也就是在摆放时不使用V块，那么可以设计由6个四元块构成的缺口分布形体。图7.26给出了一些移出3个单元块的形体设计。

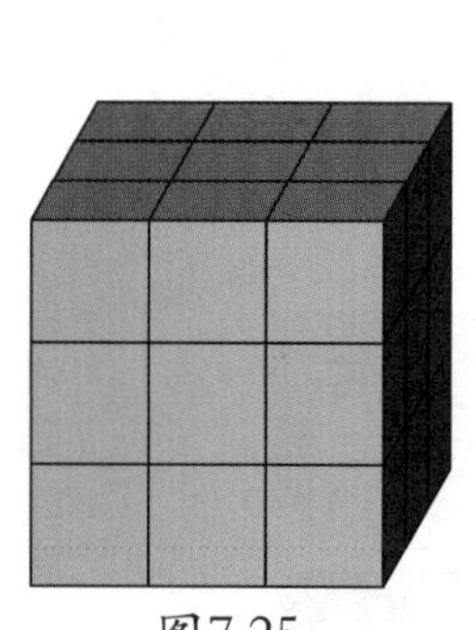

图7.25

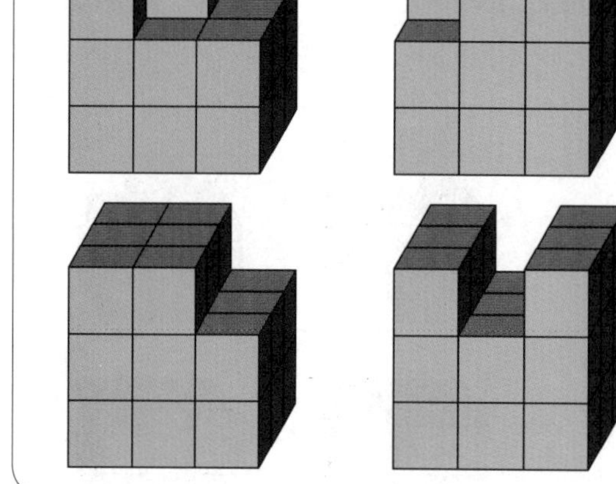

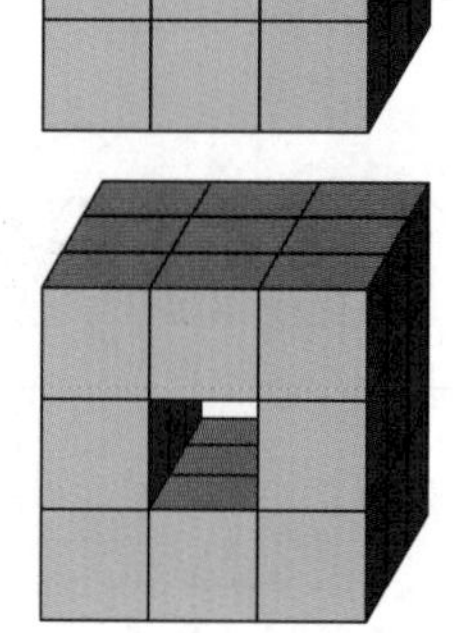

图7.26

■立体移动分布设计

单元块的移动与移出不同：移出是将单元块取走，而移动不取走单元块只是改变它的位置。图7.27给出了移动分布设计的图示。

从图7.27中可以看出，巧妙的移动设计可以产生有趣的形体。

堆块几何设计的形体需要摆出，而且，不是看着已经摆好的形体样本摆出。因此，设计形体的信息一定要清晰准确，要可以被理解。也就是说要表明设计意图。

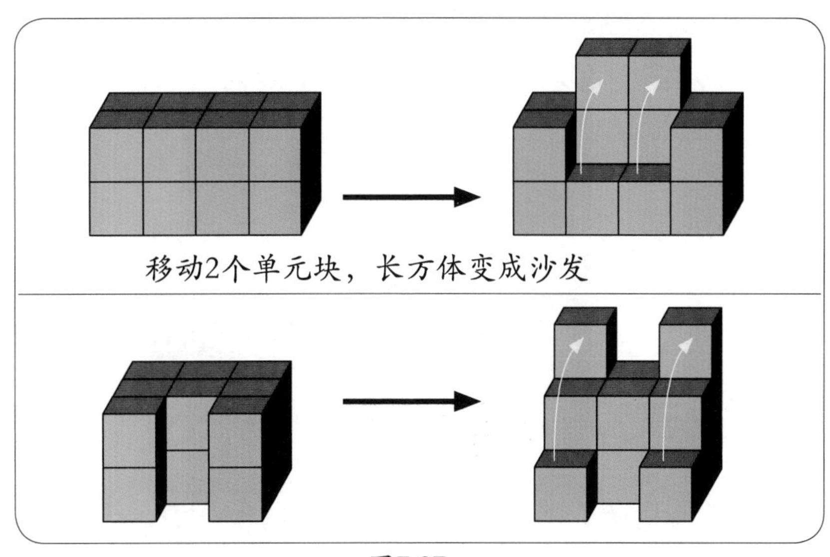

图7.27

■立体涂鸦

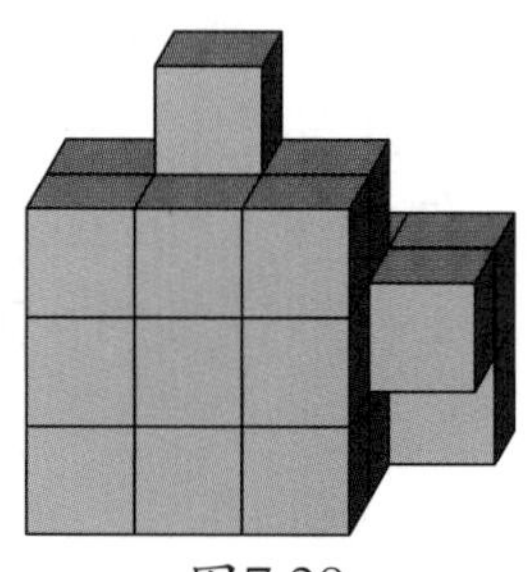
图7.28

图7.28展示了失败的设计形体。设计失败的原因：首先，这个形体的信息不够清晰准确，从图7.28中看不到形体另一面的缺口，无法知道缺口的位置，图7.29展示了几种可能的情形；其次，无法理解这个形体对摆放的要求。它不追求完整，也不追求对称，如果不看着图片，无法想象设计所要求的形状。形体的设计者可能会说自己追求的就是新奇，那么，请先把这个所谓新奇的形体搞准确，明确自己要的形体是什么。

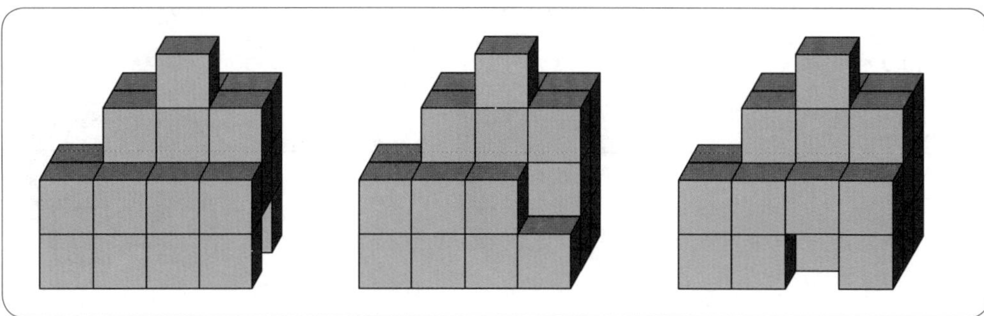
图7.29

堆块几何形体设计的基本要求：形体的信息清晰准确，可以被理解、记忆和想象。

上述要求提示我们，堆块几何形状与形体的设计一定是有追求、有思路的，不能将随意的、偶然的或者不经意间摆出的结构作为设计。当然，偶然间可能会发现奇妙的形体和形状，但是，这种所谓的奇妙要与设计的追求有关，不能只是因为没见过，满足了猎奇心理，就作为设计。堆块几何的追求不只是新奇那么简单，如果某个形体追求的只是新奇，那么，我们可以把这种追求称为立体涂鸦。图7.30给出了一些立体涂鸦的例子，这样随意摆放的形体可以有很多。

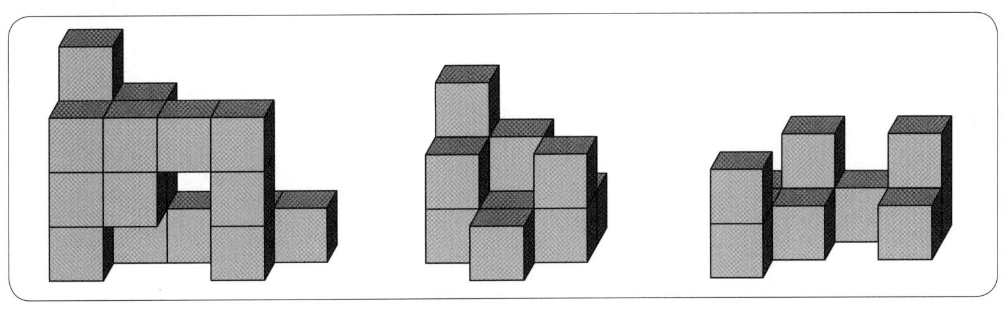

图7.30

第 8 章

堆块几何研究入门

本 章 导 言

堆块几何的设计给出了堆块形体与形状的研究方向，具体的研究包括：提出命题，给出证明，发现更多的问题与猜想，给出更多的堆块形体与形状。本章将研究内容分为平面形状和立体形体两部分。平面形状部分，介绍了平面形状命题证明的两种图示方法；给出了关于命题结论的必要条件与充分条件的判别方法；介绍了关于单元块分布形状问题的研究与思考。立体形体部分，作为已有立体形体研究的继续，给出了三块构造和四块构造的研究，具体内容包括：放大问题、仿形问题、长方体问题、阶梯问题和缺口分布问题。

8.1 平面形状命题证明

上一章介绍了平面形状的设计，给出了一些有趣的平面设计形状。每一个平面形状的设计都是一个平面堆块的命题，本章将从这些命题开始，给出平面形状命题的图示证明方法，并由此展开进一步的研究。

■平面形状命题的图示证明方法

1. 分割图示法

因为平面形状都是由平面堆块组成的，所以平面形状的摆放证明可以用将平面形状分割成平面堆块形状的方法来表示。

下面通过命题8.1（如图8.1所示）的证明示范过程来介绍这种方法。

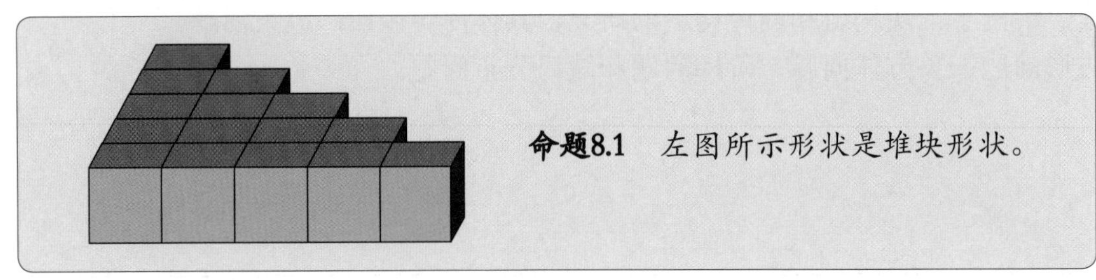

命题8.1 左图所示形状是堆块形状。

图8.1

证明　堆块命题的证明可以通过操作来完成的，图8.2给出了操作示范。

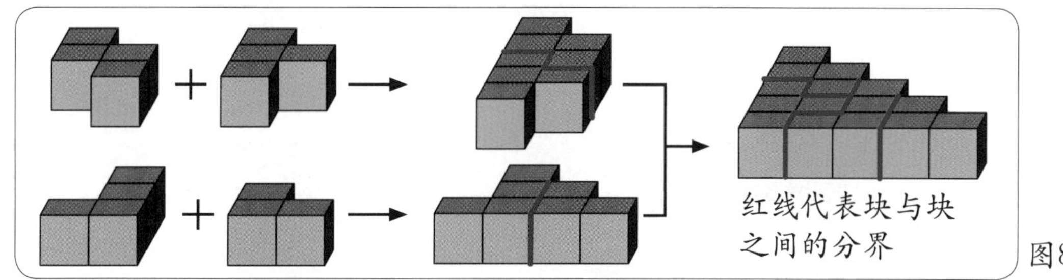

图8.2

因为都是平面块，所以可以用平面格子图来表示证明的操作过程，图8.3所示的摆放方法是命题8.1的另一种证明操作方法。

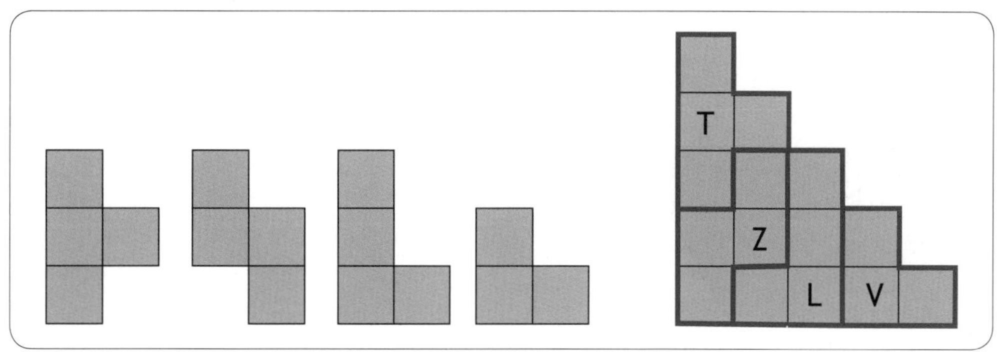

图8.3

练习8.1：证明图8.4中的“双侧阶梯”形状是堆块形状。

练习8.2：证明图8.4中的“9+2两侧中”形状是堆块形状。

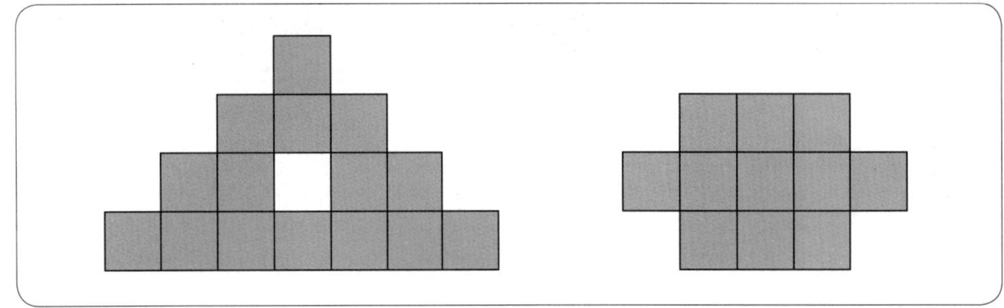

图8.4

2.拼块图示法

通过命题8.2的证明介绍这种方法。命题8.2如图8.5所示。

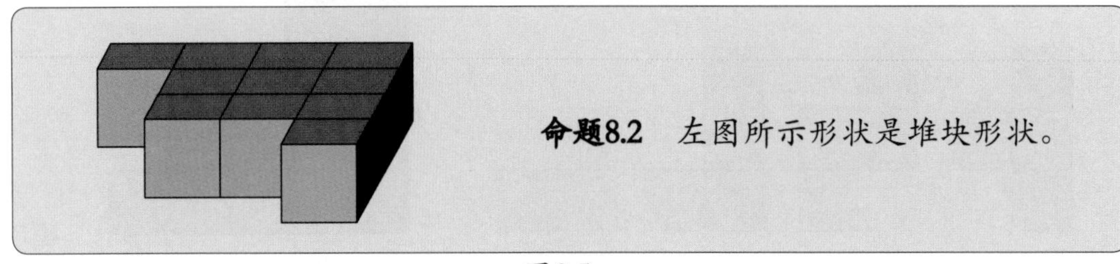

命题8.2 左图所示形状是堆块形状。

图8.5

证明　图8.6用拼块图示法给出了操作示范。

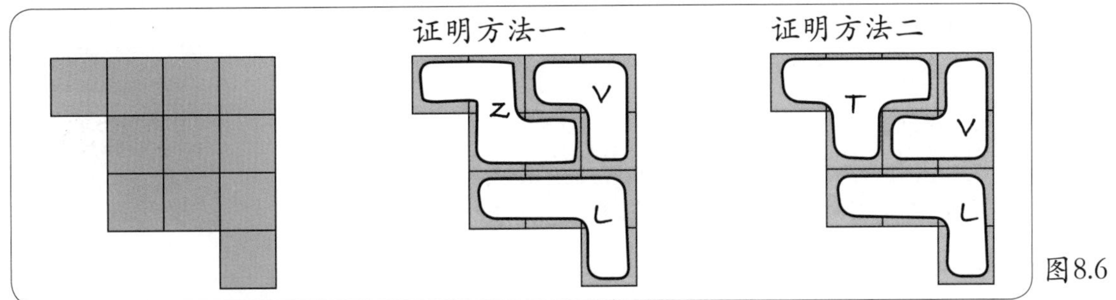

图8.6

练习8.3：证明图8.7中的两个形状是堆块形状。

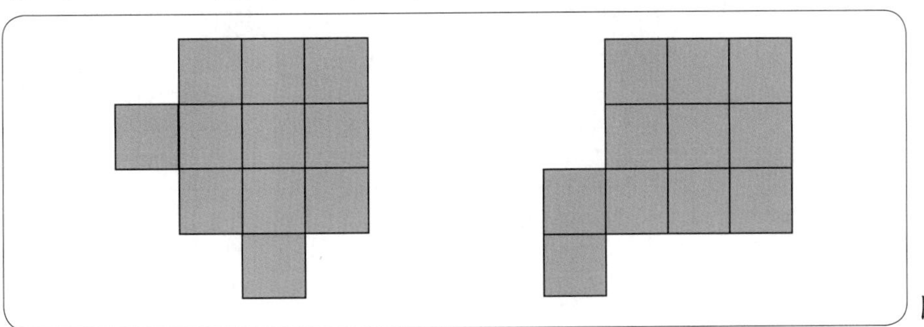
图8.7

■命题的条件分析

7.3节提到的“9+2分布”中，两个单元块的分布位置如图8.8中的白色数码方格所示。将两个单元块放入这16个位置当中，会有很多种不同的分布形状，在这些分布形状中，哪些是堆块形状呢？我们需要研究产生堆块形状的条件。图8.8中含有9个方格的绿色大方块也被称为九宫格。

1	2	3	4	5
16				6
15		九宫格		7
14				8
13	12	11	10	9

图8.8

图8.9和8.10给出了两种分布形状，它们都不是堆块形状。这样的形状有什么共同特点呢？

我们猜想：只要两个单元块不连在一起，而且其中一个在编号为1、5、9、13的格子里，那么这

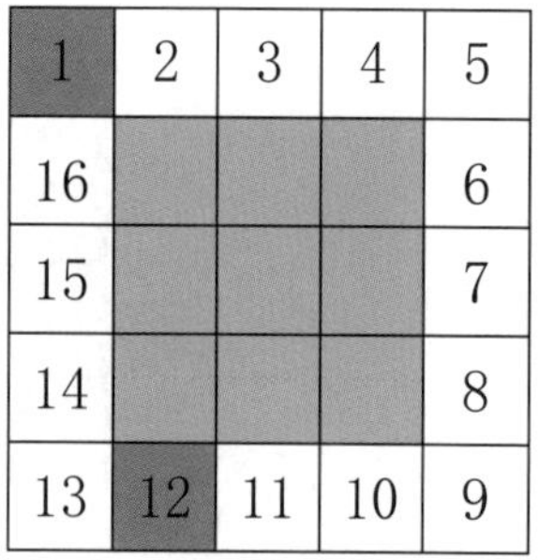

1	2	3	4	5
16				6
15				7
14				8
13	12	11	10	9

图8.9

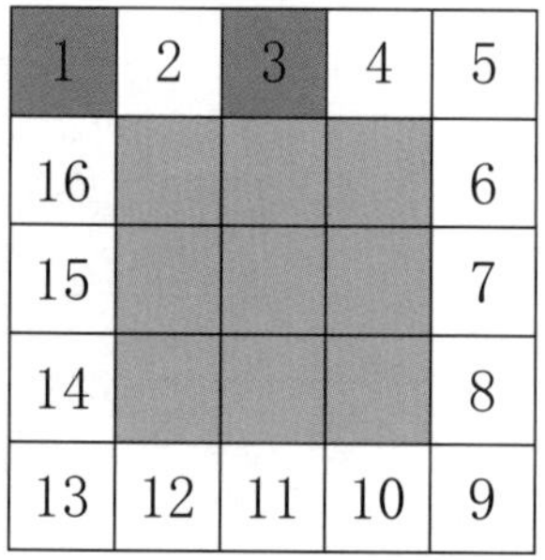

1	2	3	4	5
16				6
15				7
14				8
13	12	11	10	9

图8.10

个形状就不是堆块形状。这个结论的命题表述如下：

命题8.3 如果某个“9+2分布”形状是堆块形状，那么，该形状的九宫格外四个顶角上的格子中不能放入不相连的单元块。

命题8.3的必要条件是：九宫格外四个顶角上的格子中不能放入不相连的单元块。不相连的含义就是在1个单元块的周围不能有与它有接触面的单元块，图8.11中，2、4代表不相连的单元块，1、3代表相连的单元块。满足这个必要条件的形状一定是堆块形状吗？如果是，这个条件就是平面堆块形状的一个充分条件，如果不是，这个条件就只是一个必要条件。

图8.11给出了满足上述必要条件的一个“9+2分布”形状：九宫格外四个顶角上的红色格子没有放入不相连的单元块。但该形状不是堆块形状。

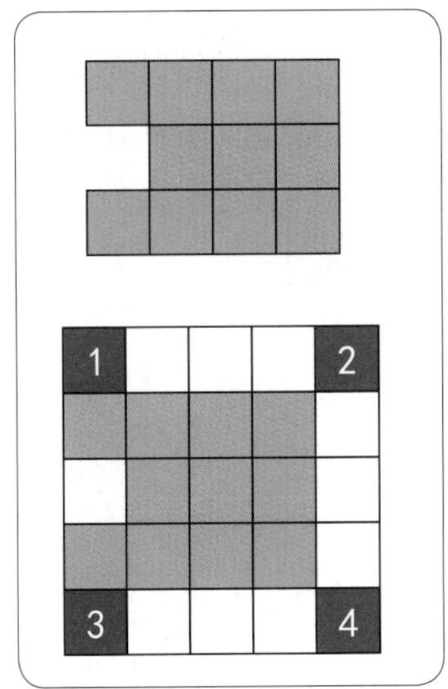

图8.11

命题8.4 图8.12所示目标形状不是堆块形状。

证明 考虑目标形状放入四种平面堆块后的补形，如图8.12所示。由于这些补形都不能用两个不同的堆块摆出，所以目标形状不是堆块形状。

证明完毕。

上述证明中并没有给出四种补形不是堆块形状的证明。下面证明图8.12中第二行的两个补形不是堆块形状。证明上面两个补形不是堆块形状的工作作为练习。

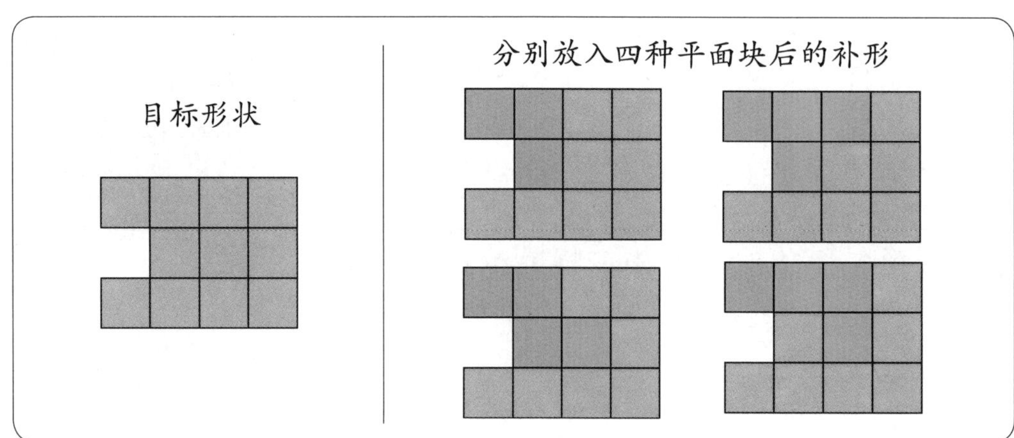

图8.12

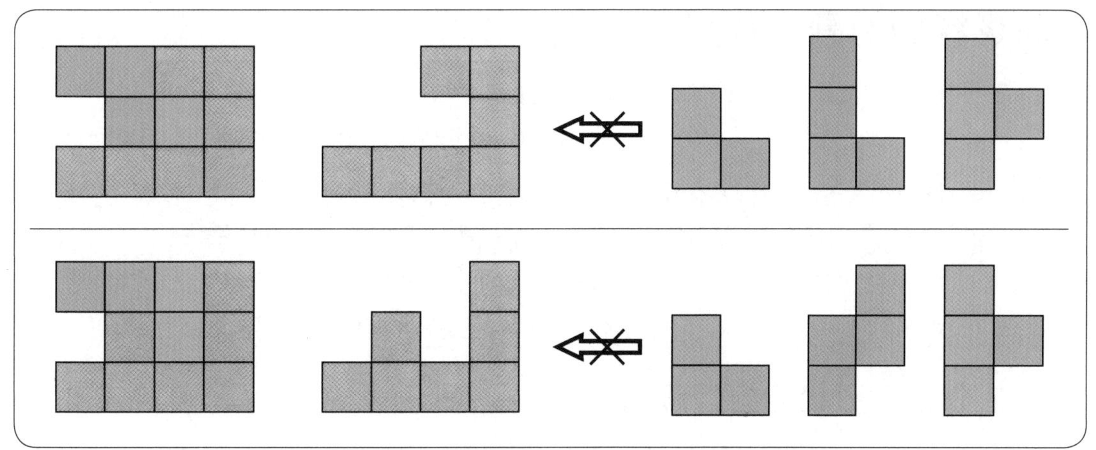
图8.13

从图8.13中的灰色补形可以判断出结论：四个平面堆块无法摆出这些补形的形状。这个结论的证明用试错方法就可以给出。

8.2 平面形状的问题与猜想

平面形状的摆放，类似于七巧板拼图。由于平面堆块只有四种——3个四元块，1个三元块，所以，平面形状的堆块摆放可以看成是四巧板拼图。与七巧板拼图不同的是，堆块拼图不是摆出各种象形图案，而是研究摆出堆块形状的可能性，这相当于提出一种形状猜想，并设法证明猜想。

前文关于“9+2分布”的研究，已经从形状设计角度介绍了这种提出猜想和证明命题的研究过程，下面将展开更加丰富的研究内容。

■“9+2分布”形状的问题研究

因为“9+2分布”共有11个单元块，所以我们要选择三个平面堆块摆出命题需要的形状；这三个堆块中，V块是必选的，另外两个堆块要从剩下的三个四元平面堆块中选出，如图8.14所示。命题8.5给出了两种“9+2分布”形状，如图8.15和8.16所示。

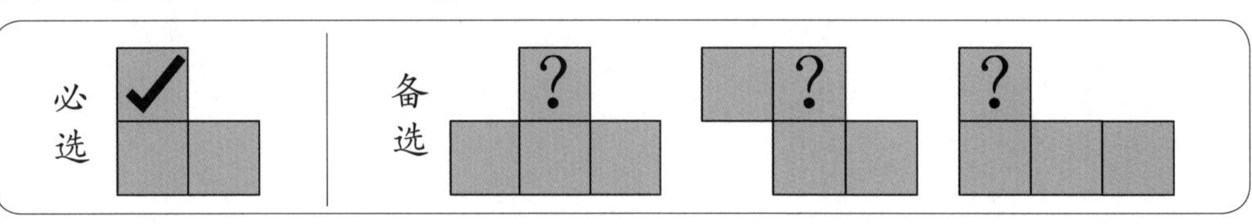

图8.14

命题8.5 图8.15和8.16所示的分布都是堆块形状。

1	2	3	4	5
16				6
15				7
14				8
13	12	11	10	9

图8.15

1	2	3	4	5
16				6
15				7
14				8
13	12	11	10	9

图8.16

命题8.5的证明如图8.17所示。当然证明的方法不止一种，证明的表示方法也有两种：分割图示法，拼块图示法。

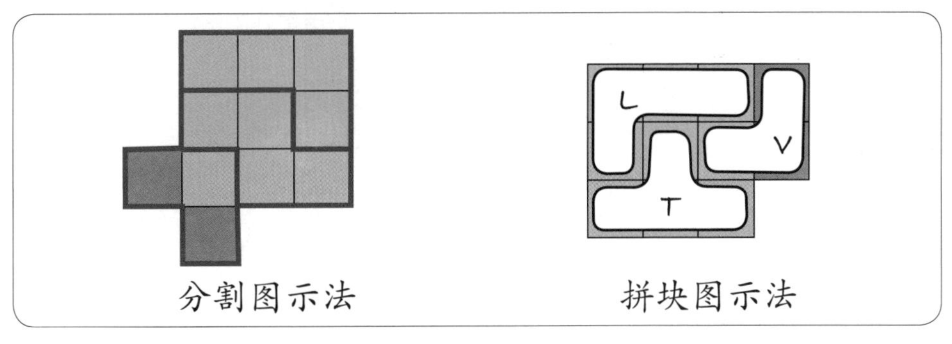

图8.17

为了研究“9+2分布”形状中有多少堆块形状，我们依据两个单元块与九宫格的位置关系，对分布形状进行分类。具体考虑两个单元块靠在九宫格的对边、同一条边、相邻两边的三种情况。

两个单元块靠在九宫格的对边分布，如图8.18所示。

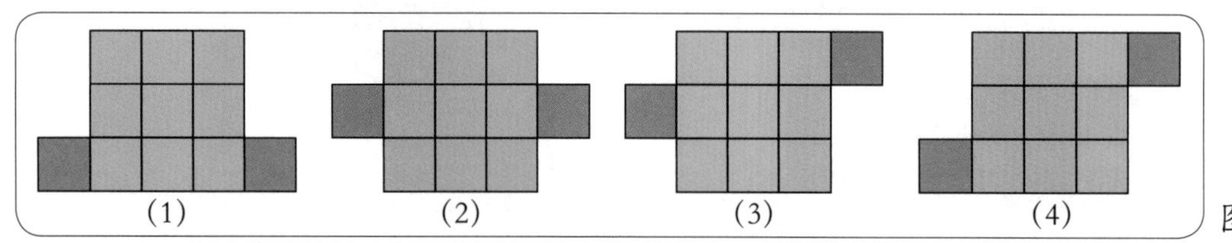

图8.18

两个单元块靠在九宫格的同一条边分布，如图8.19所示。

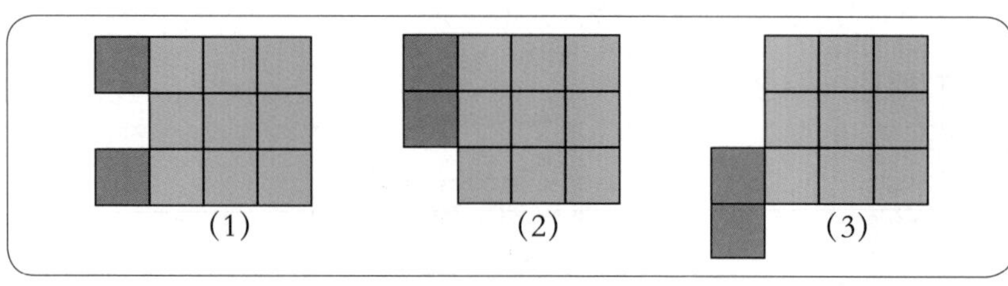

图8.19

两个单元块靠在九宫格的邻边分布，如图8. 20所示。

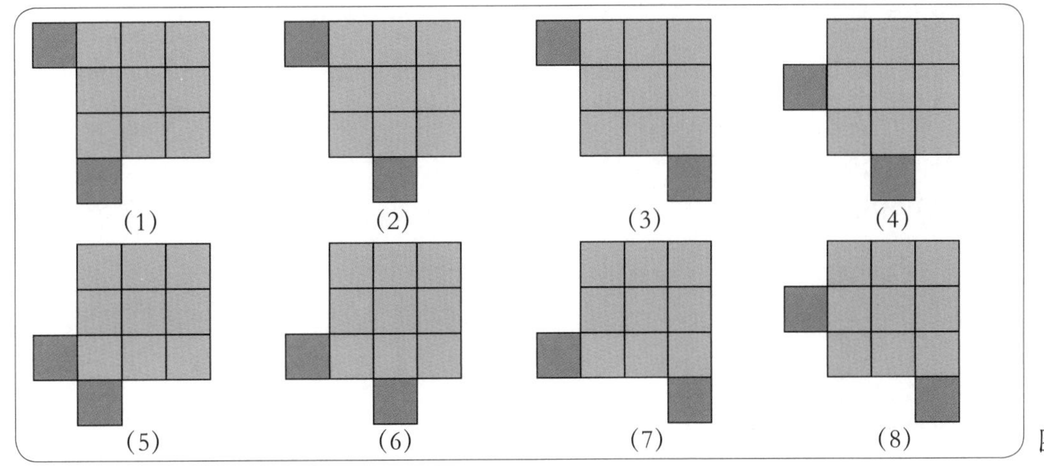

图8.20

我们已经列出了“ 9 + 2 分布”的十几种情况。如果从设计的角度观察这些形状，人们总会思考对称性、奇特形、趣味性以及象形寓意等问题。

从对称性方面思考，可以给出如下判断：对称性好的形状有图8. 18(2)，图8. 20(3)、(4)和(5)。

你认为对称性差一些的有哪些？对称性非常差的有哪些？

从趣味性方面考虑，每个人都会给出自己的判断，但人们总会认为具有形象寓意的形状更有趣一些。

作为堆块几何的研究任务，我们还是要判断这些形状哪些是堆块形状，哪些不是。判断是的，要给出证明，判断不是的，要给出理由。

命题8.6 图8.18(1)所示形状是堆块形状。

证明 如图8.21所示。

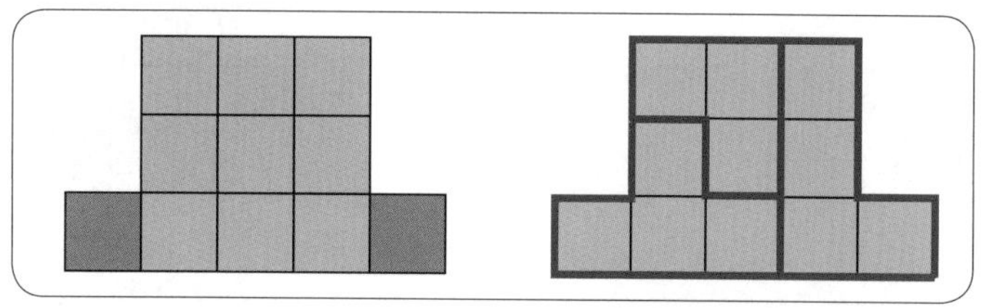

图8.21

命题8.7 图8.20(2)所示形状是堆块形状。

证明 如图8.22所示。

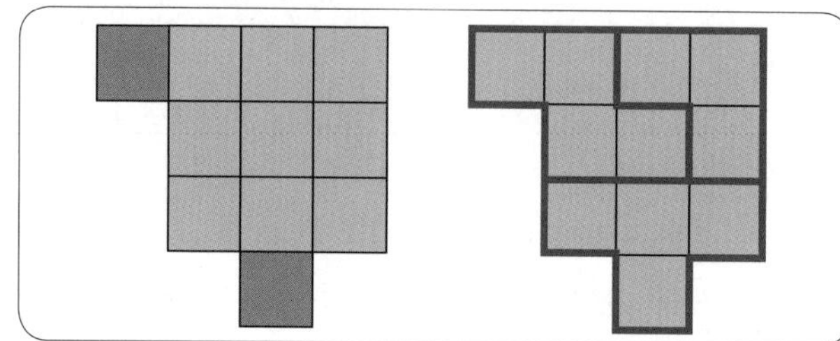

图8.22

本节关于平面形状的设计与命题证明，提示我们在平面堆块几何问题的研究中，应该准备纸和笔，画出目标形状、填入堆块形状和补形形状，这样可以记录和提示研究思路，提高思维的条理性和目的性。

“9+2分布”问题还有很多形状有待研究，利用上述方法尝试一下，看一看是否对提高你的研究能力有所帮助。

■缺口分布问题

4个平面堆块的单元块加起来一共有15个。可以猜想，如果用这些堆块摆4×4＝16个单元块的正方形（图8.23），那么一定会缺一块。我们的问题是：这个缺口会在哪里出现呢？从理论上讲，这个缺口会出现在图8.23中16个方块编号中的任何一个，但是，尽管不同位置缺口显示的形状不同，实际上真正的缺口分布只对应三种不同形体。

1	2	3	4
5	6	7	8
9	10	11	12
13	14	15	16

图8.23

图8.24给出了不同缺口位置的三种形体，幸运的是这三种形体都是堆块形体。下面证明其中一种，其他形体的证明作为练习。

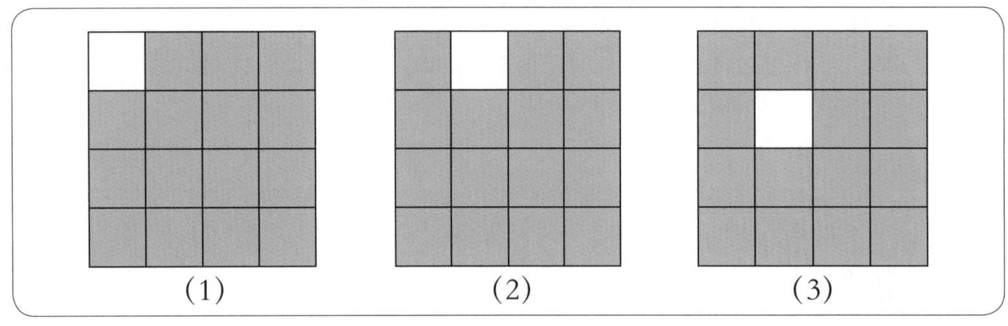

图8.24

命题8.8 图8.24(1)所表示的形体是堆块形体。

证明 图8.25给出了证明的摆放方法。

每种形体的证明方法都不止一种。请研究一下，针对某一种形体可以找到多少种不同的证明方法。

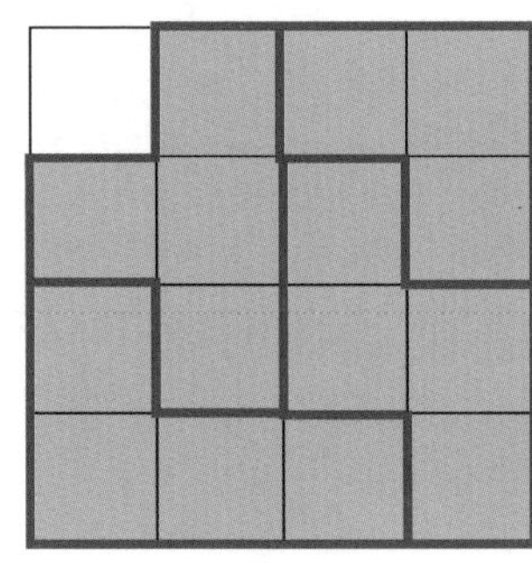
图8.25

■单元块的移动与分布

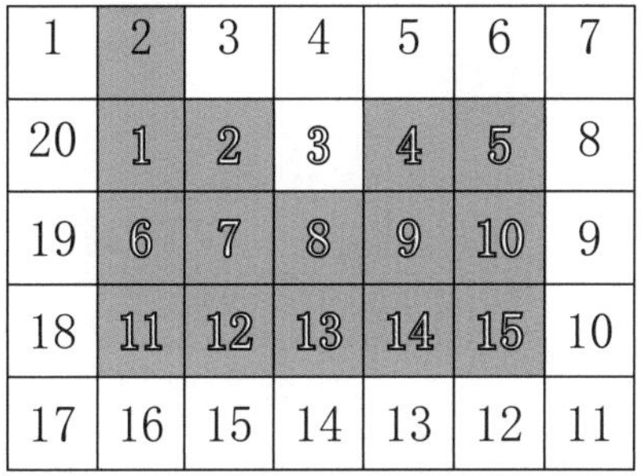

1	2	3	4	5	6	7
20	1	2	3	4	5	8
19	6	7	8	9	10	9
18	11	12	13	14	15	10
17	16	15	14	13	12	11

图8.26

前文已经证明：4个平面堆块可以摆出由15个单元块组成的长方体。可以设想，如果在这个长方体中拿出 1 个单元块靠在这个长方体旁边，如图8.26所示，那么这种移动会产生多少种不同的形状。这个问题是之前放入问题和缺口分布问题的综合，会出现更多的分布情况。

从15个绿色编号格子中取出一个方块的不同方法有15种，把这个方块放入20个白色编号格子中的方法有20种，这两种操作结合起来可以产生300种可能的分布（15×20=300）。在这300种分布中有哪些是堆块形状呢？这是一个研究课题，一个包含很多求知任务的大问题。我们不应该将这300种形状列出来逐一证明，那样效率太低，解决这种课题需要考虑研究策略，应该把大问题分解成一些小问题来考虑。可以考虑这样的问题：在这300种分布形状中有哪些肯定不是堆块形状呢？这个问题的解决将使研究课题所考虑的形状范围进一步缩小。

由于单元块不是堆块，所以图8.27给出的形状都不是堆块形状。

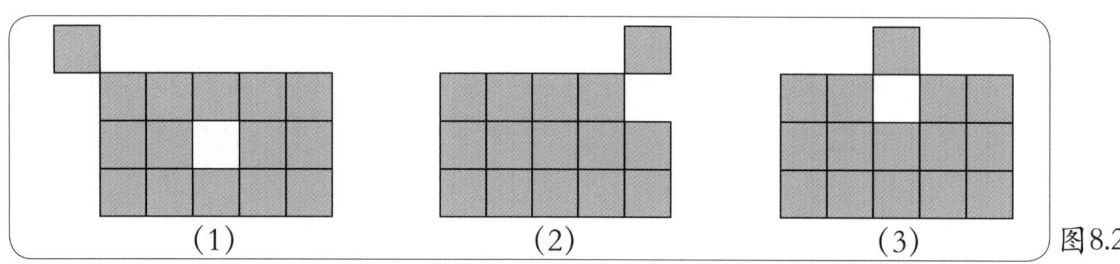

图8.27

图8.27中的(1)所示形状代表移出的堆块放在了角上的位置。这种类型的形状一共有 4 ×15＝60种。

图8.27中的(2)所示形状代表把角上的堆块沿纵向或横向平行移出。这种类型的形状一共有 2 × 4 ＝8种。

图8.27中的(3)所示形状代表将矩形边上不在角上的堆块向外平移。这种类型的形状一共有8种。

综上所述，肯定不是堆块形状的分布一共有76种。那么剩下可能是堆块形状的分布还有300－76＝224种。

图8.28给出了6种具有对称性的分布，由这些分布形状是否是堆块形状的问题，可以产生肯定与否定结论的12个命题。

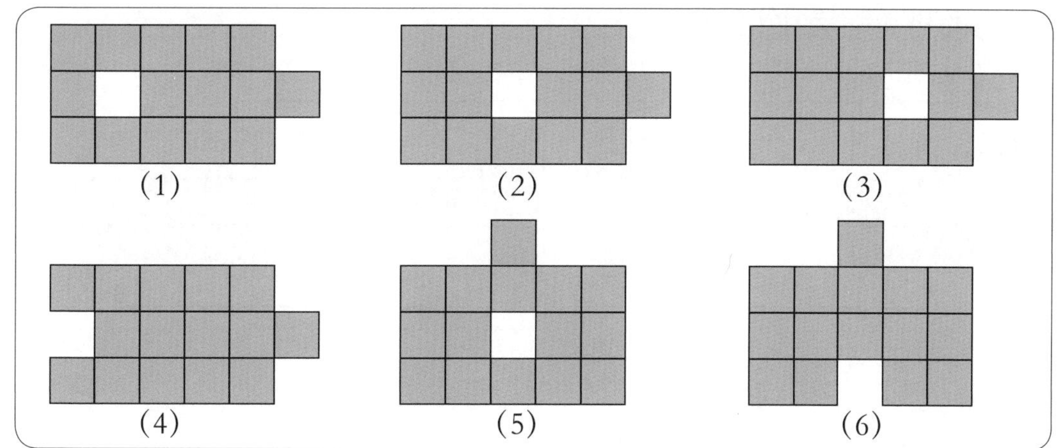

图8.28

我们证明其中的两个形状是堆块形状，其余形状的判定作为练习。

命题8.9 图8.28(2)和(4)所示形状是堆块形状。

为了证明上述命题，我们将要证明的目标形状分解为图8.29所示的两个形状。容易证明这两个形状是堆块形状。

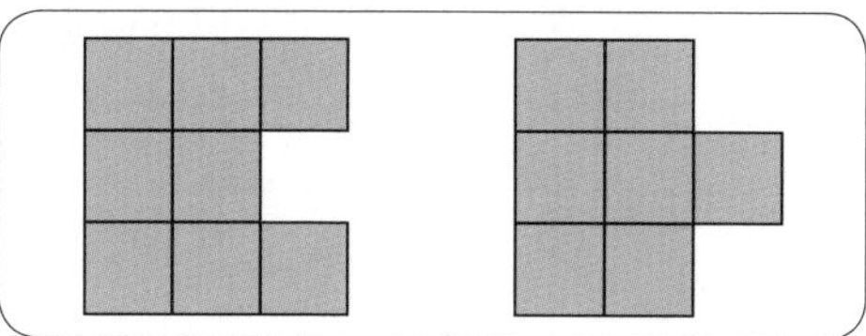
图8.29

命题8.9的证明：如图8.30所示。

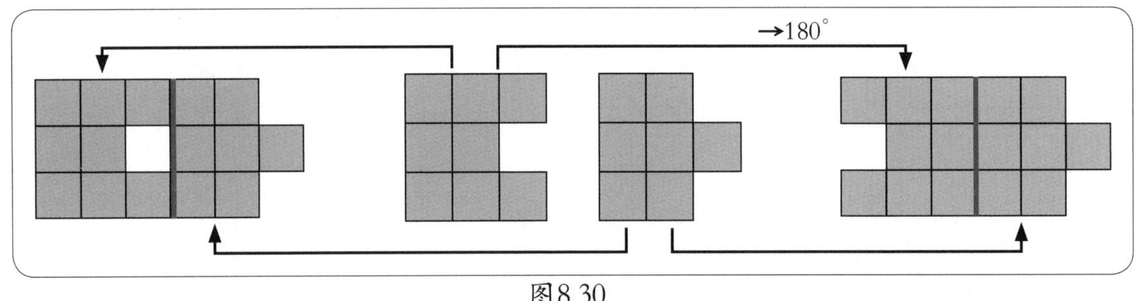

图8.30

可以继续提问，图8.28(6)所示的形状是堆块形状吗？

上述问题具有一定难度。它的相关命题是：

命题8.10　图8.28(6)所示形状是堆块形状。

如果一个人想方设法也不能证明某个命题，例如他不能证明命题8.10，那么他能否宣布这个命题所说的形状不是堆块形状呢？当然不能，因为一个人不能证明的命题不代表其他人也不能证明。所以，要宣布某个形状不是堆块形状，不能以操作者能否摆出为依据，必须用公理化方法给出理由，证明它不是堆块形状。

如果一个人无法证明某个命题，而他又相信这个命题的结论是正确的，这时他可以将这个命题作为猜想提出来。例如，可以提出如下猜想：

猜想：图8.28(6)所示形状不是堆块形状。

图8.31给出了更多的可能是堆块形状的分布，研究者可以展开更多研究工作。

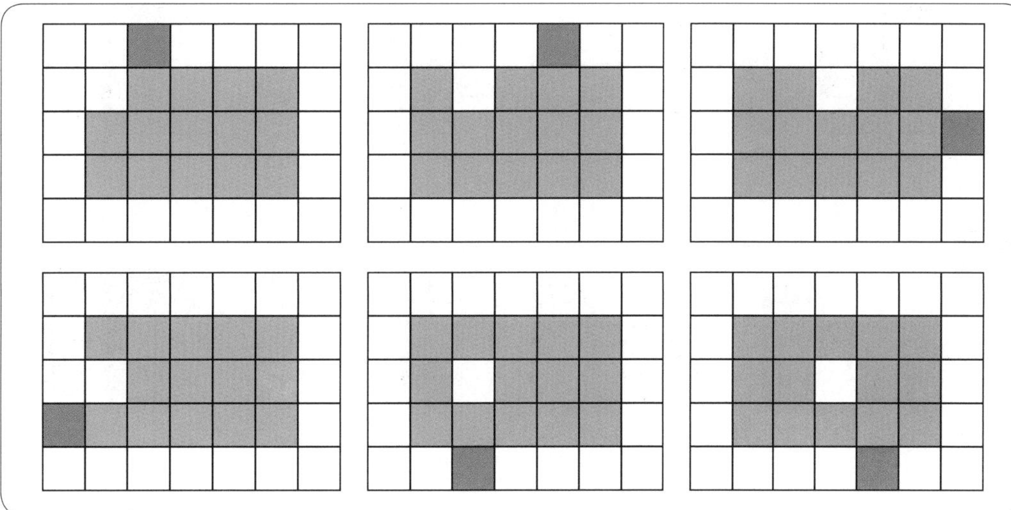

图8.31

上述内容使我们对于堆块几何学的内容有所理解，这部分内容也可称为平面堆块几何学。其研究还是比较容易的。立体形体的研究才是堆块几何的主要内容，也更丰富多彩！

让我们回到已经研究过的立体形体命题，如图8.32所示。

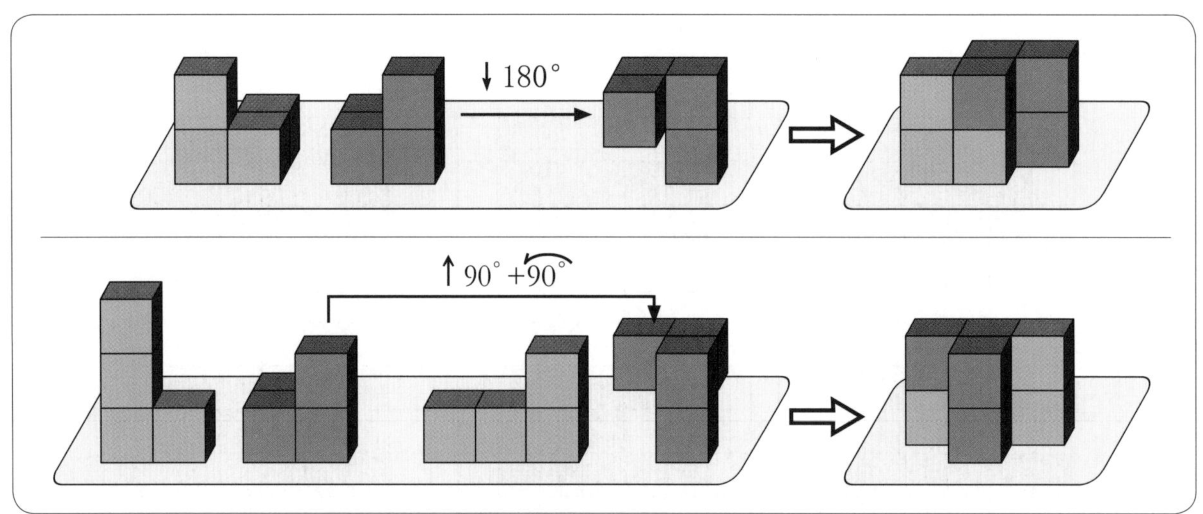

图8.32

到目前为止，我们研究的立体形体还只限于两个堆块的形体构造，这种形体不是很多，也比较容易思考和想象，这是基础，播下了堆块几何研究的种子。接下来我们要研究更有趣的三个堆块的形体构造。

8.3 立体形研究入门

平面堆块形状的设计与证明是堆块几何研究工作的基础。有了一层的平面堆块的研究经验，我们要开始两层、三层的堆块形体，也就是立体堆块形体（简称**立体形**）的研究。构建立体形所使用的堆块数量决定了工作的难度。两块的构造是最简单的，我们已经进行了一些研究工作，例如：摆出两层的L块、T块、Z块，还有底层六块上层两块的各种分布形状的研究。下面让我们开始三块的构建工作。

■堆块的放大问题

两块构造问题中已经提到了将L块、T块和Z块放大到两倍。继续堆块的放大工作，自然提出将它们放大到三倍的问题和命题：

问题8.1：能否摆出三层的L块、T块和Z块？

命题8.11　可以摆出三层的L块、T块和Z块。

证明思路分析：根据已有命题的结果，可以摆出两层的T块和Z块，而且摆放时不需要T块和Z块，因此只要在原来两层堆块的基础上分别摆放T块和Z块，就实现了三层堆块的摆放。如图8.33所示。

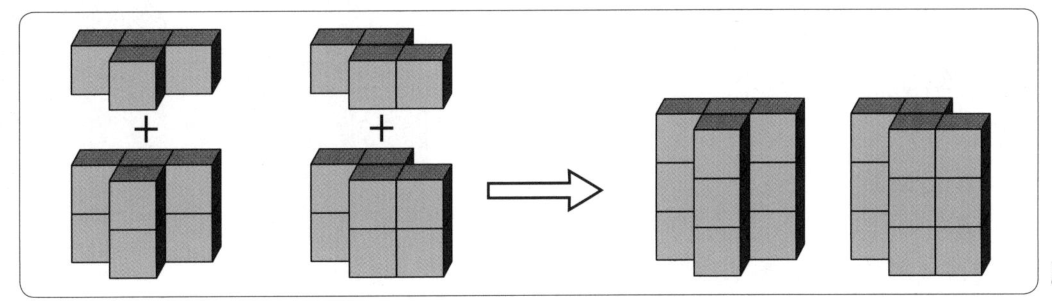

图8.33

摆出三层的L块形状不能用上述的方法，因为摆出两层的L块时已经使用了L块。回想一下图8.34所示的命题，可以得到图8.35所示的证明方法。

练习：证明下列命题。

命题8.12 可以摆出四层的V块。

命题8.13 摆出三层的L块、T块和Z块的方法不是唯一的。

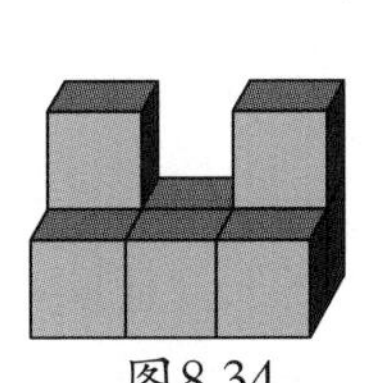

图8.34

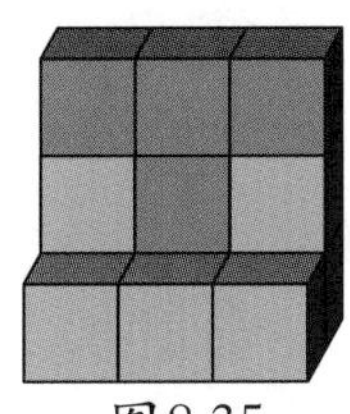

图8.35

所有的平面堆块都已经放大到三层了，我们自然会问：能够把它们放大到四层吗？这个问题涉及四块的构造，不在这里研究。

■长方体问题

八元立方体，如图8.36所示，它不是堆块形体。如果给它增加一层，变成12块的长方体，如图8.37所示，那么，这个形体是堆块形体吗？相关命题如下：

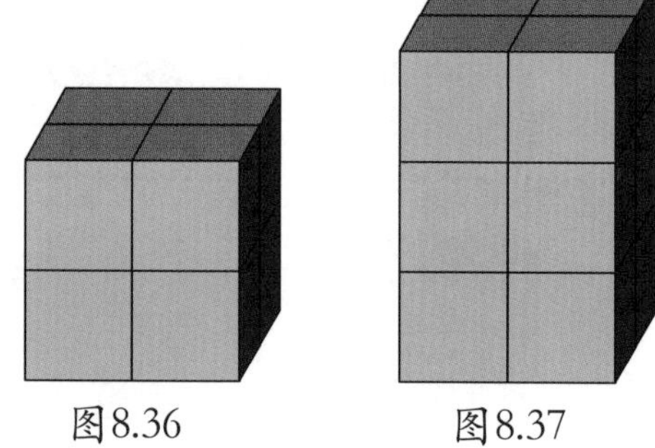

图8.36　　图8.37

命题8.14　可以摆出12块的长方体。

证明　看一下图8.34和8.35，只要将T块翻转90°就可证明本命题。如图8.38所示。

证明完毕。

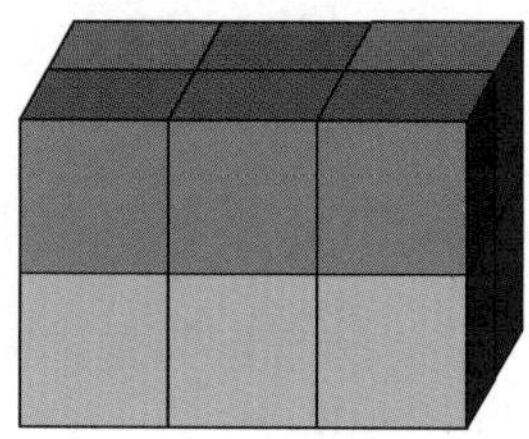

图8.38

练习：证明下列命题

命题8.15　摆出如图8.37所示的长方体的方法不只一种。

命题8.16　lh块、rh块和L块也可以摆出图8.37所示的12块的长方体。

■阶梯形状问题

八元立方体不是堆块形体，加一层变成12块长方体后成为堆块形体。接下来可以设想，把这一层放在八元立方体的旁边构成阶梯形体，如图8.39所示，它还是堆块形体吗？这个问题的结论由下面的命题和证明给出。

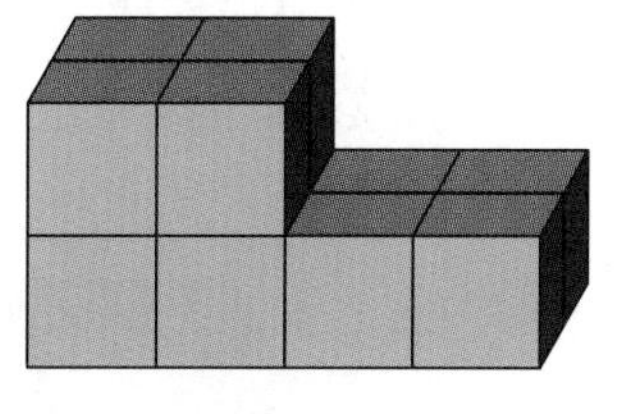

图8.39

命题8.17 如图8.39所示的阶梯形体是堆块形体。

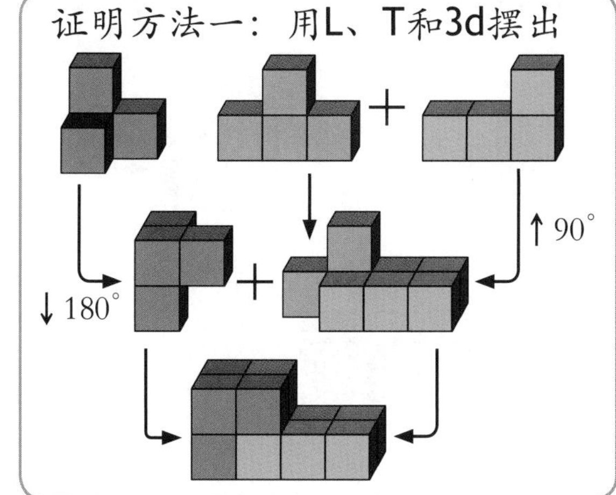

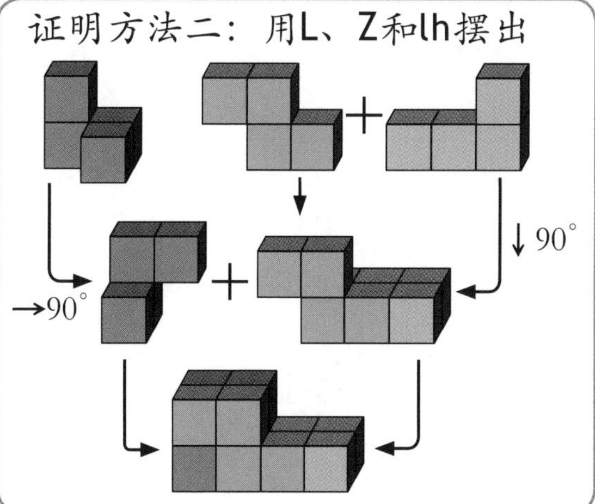

图8.40

图8.40给出了命题8.16的两种证明方法。

图8.39给出了单侧阶梯形体，下面的命题给出两侧相邻阶梯形体。

命题8.18 图8.41所示的形体是堆块形体。

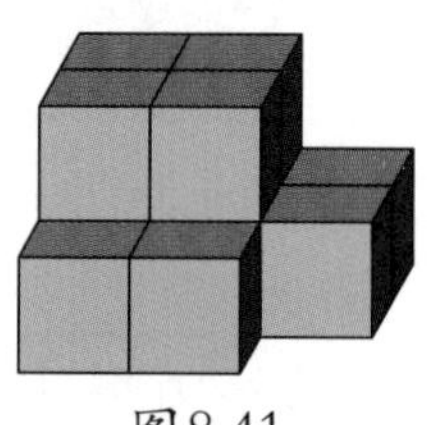

图8.41

图8.42给出了命题8.18的证明方法。

阶梯形体还有很多。图8.43给出的两侧阶梯形体可以由堆块摆出吗？

经过摆放失败的尝试，我们可能会相信下列猜想。

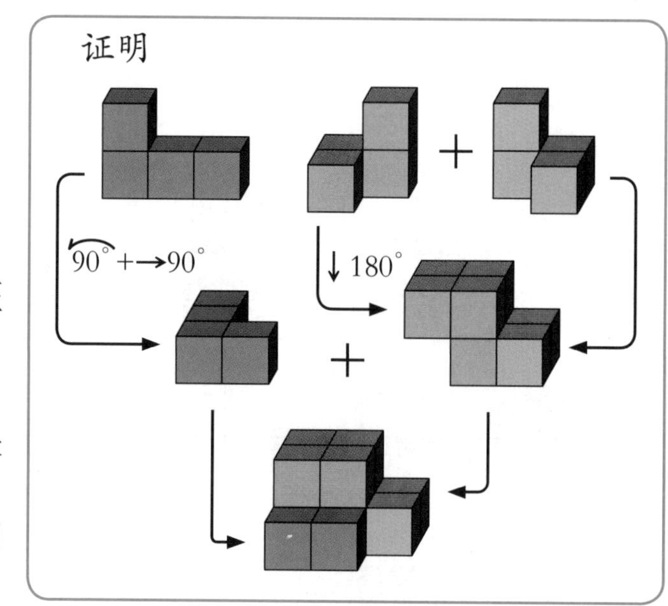

图8.42

猜想8.1 图8.43所示的两侧阶梯不是堆块形体。

证明思路：首先，可以确定不能使用V块。

其次，在目标形体两侧阶梯的位置只能放L块、rh块和lh块，如图8.44中绿色部分所示。

如果分别放入rh块和lh块，会产生非堆块形体，如图8.45中白色透明部分所示，所以不能采用。

如果放入rh块和L块组合，那么补形是rh块；而放入lh块和L块后，补形是lh块，如图8.46所示。可见这两种组合都要求两个lh块或rh块才能摆出目标形体。但是摆放规则要求每种堆块只能使用一次。

综上所述，目标形体两侧阶梯无法摆出，因此目标形体也无法摆出。

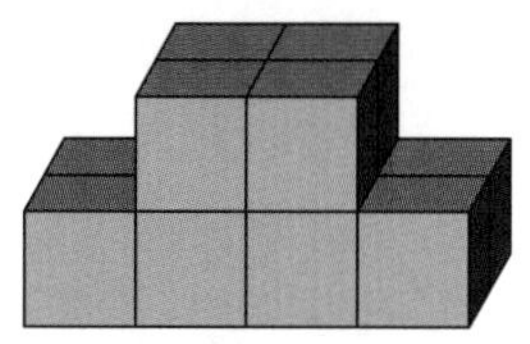

图8.43

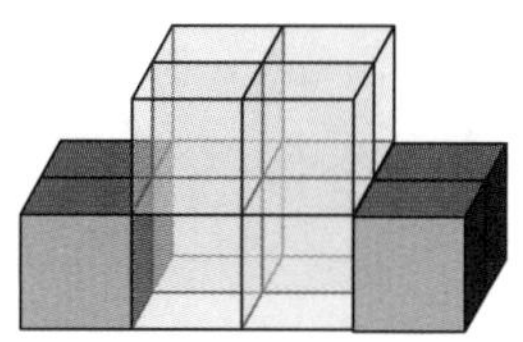

图8.44

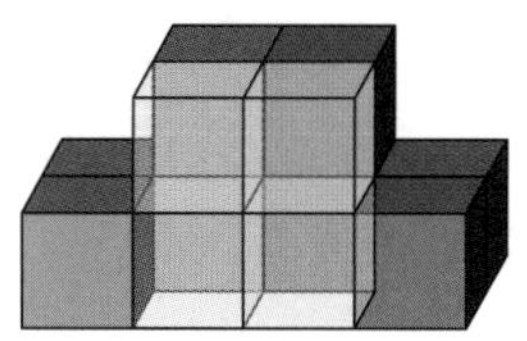

图8.45

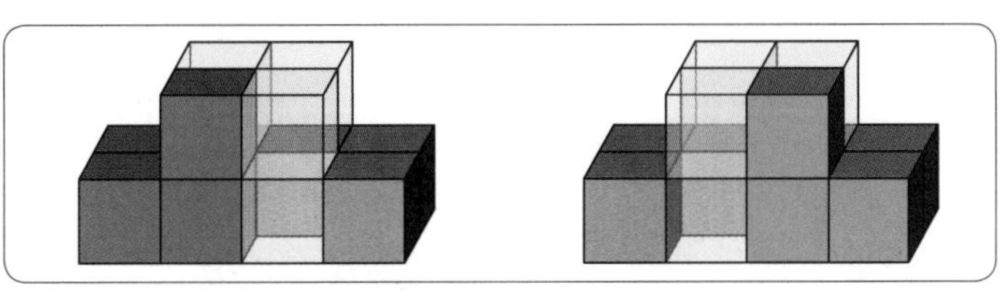

图8.46

8.4 立体形体的问题与猜想

首先研究单元块分布与移动所产生的立体形体变化问题。我们已经研究了单元块的分布与移动所产生的平面形状的变化，同样的分布与移动变化如果发生在立体形体上，将会产生更加丰富的形体变化问题。

■九宫格上层单元块的分布与移动

7.4节立体形状设计内容中提到了“立体 9 + 2 分布”的形体。下面研究这种分布的数量和堆块形体问题。

1. 含V块的三块构造

含有V块的三个堆块一共有11个单元块，如果用九宫格作为第一层，那么上层会有两个单元块，两块的分布有72种。判断所有这些形体中哪些是相同的，哪些是可用堆块摆出的，是堆块几何的研究课题。

首选考虑两块连在一起的分布，如图8.47所示。可以证明这些分布都是堆块形体。

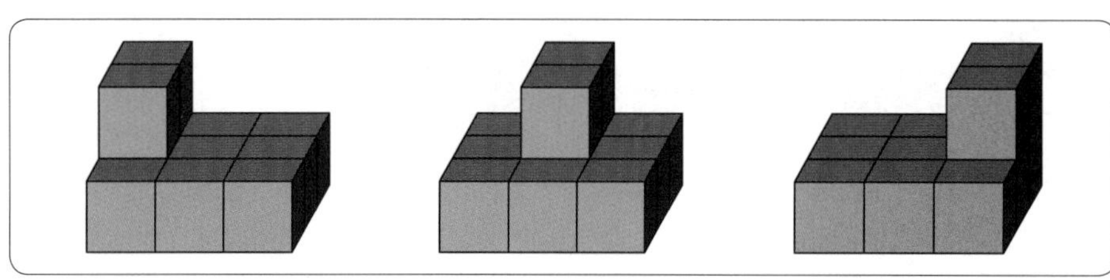

图8.47

图8.48给出了图8.47中间形体的证明，其他两个形体的证明作为练习。

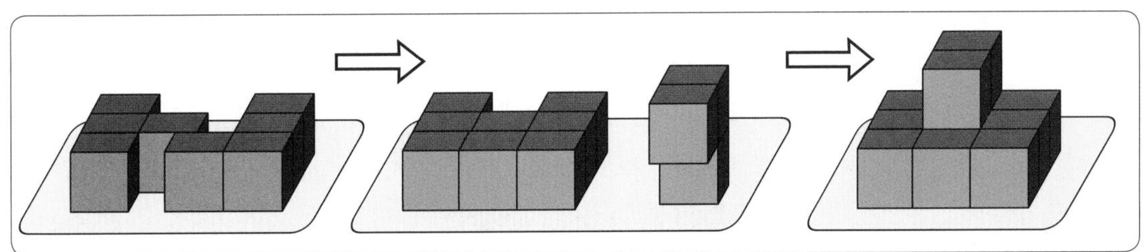

图8.48

接下来考虑两个单元块分散的分布，如图8.49所示。

可以证明这些分布都是堆块形体。具体的证明作为练习。

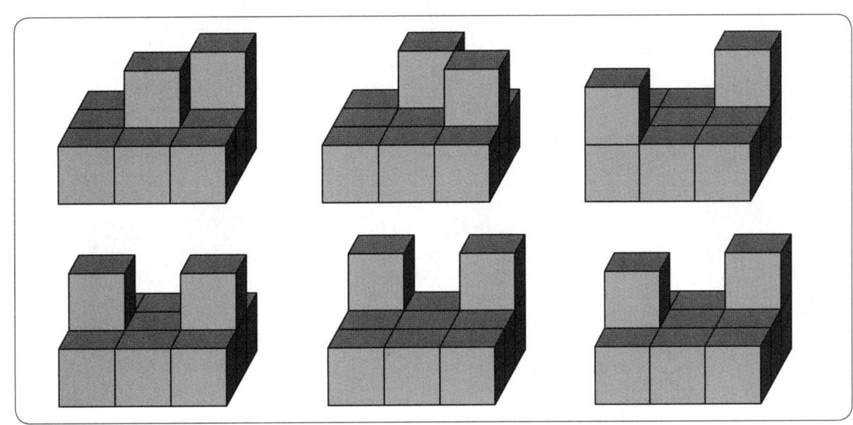

图8.49

2.不含V块的三块构造

三个四元堆块一共有12个单元块，如果用九宫格作为第一层，那么上层会有三个单元块，这三个单元块的分布有9×8×7=504种。想象所有这些分布形体并判断其中哪些是堆块形体是堆块几何的研究课题。

我们也可以考虑3块连在一起，2块连在一起1块分出和3块分散的分布，如图8.50所示。当然这种形体还有很多，可以继续研究。

图示的这些分布都是堆块形体，证明也比较简单，具体的证明作为练习。

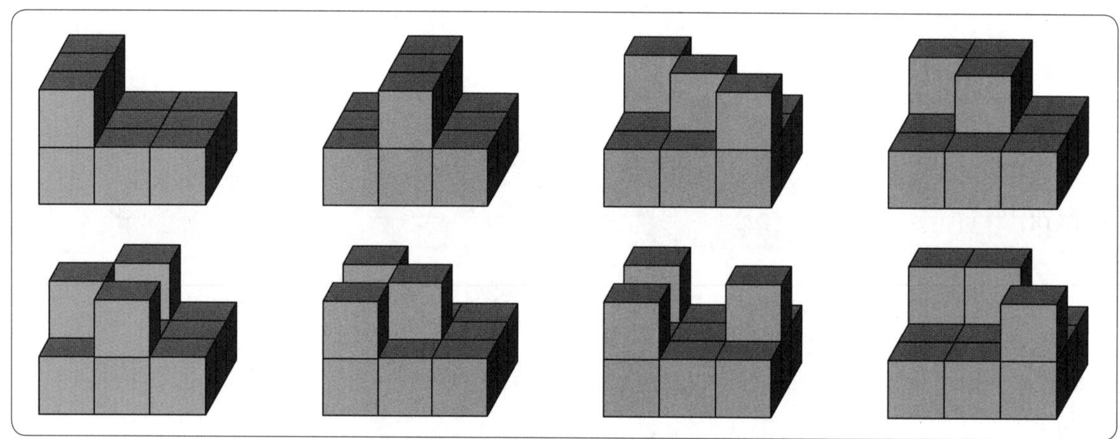

图8.50

3. 长方体缺口分布

8. 3节中提到了12块长方体是由3个四元块组成的，如果将其中一个四元块换成V块，那么摆出的长方体一定会有一个缺口，如图8. 51所示，这就引出了缺口分布问题。缺口的分布形状可以有12种，也就是说：每一个构成12块长方体的单元块都可以作为缺口。但是，不同的形体只有两种，而且可以证明它们都是堆块形体。

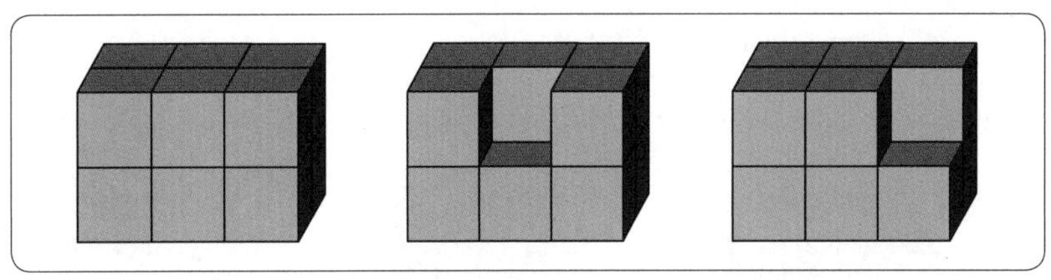

图8.51

16块长方体和20块长方体，如图8. 52所示，它们的缺口问题可以作为接下来的研究课题。

我们猜想所有这些缺口分布形体都是堆块形体。你能证明这个猜想吗？

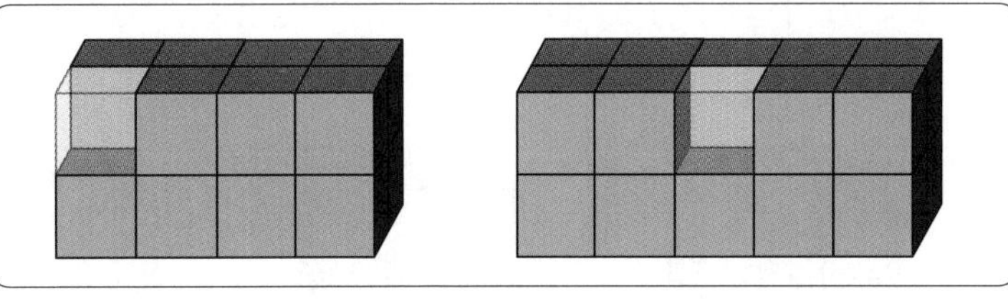

图8.52

4. 四块构造的形体研究

7. 4节关于单元块分布设计的内容提到了两层的九宫格，并且设计了从中移出两个单元块后的一些形体。下面我们开始研究这些形体。

考虑只在上层移出两块所产生的不同形体。这些形体的差异与移出的位置有关，但是，不同的移出位置所产生的形体一定不同吗？答案是否定的，图8. 53中就有相同的形体。

问题8. 2：判断图8. 53中的四个形状来自哪些形体？

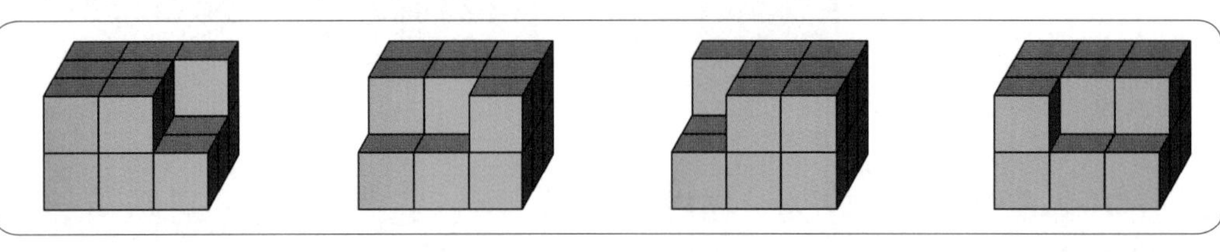

图8.53

图8. 53中移出的两块是连在一起的，这种分布还有很多，如图8. 54所示。

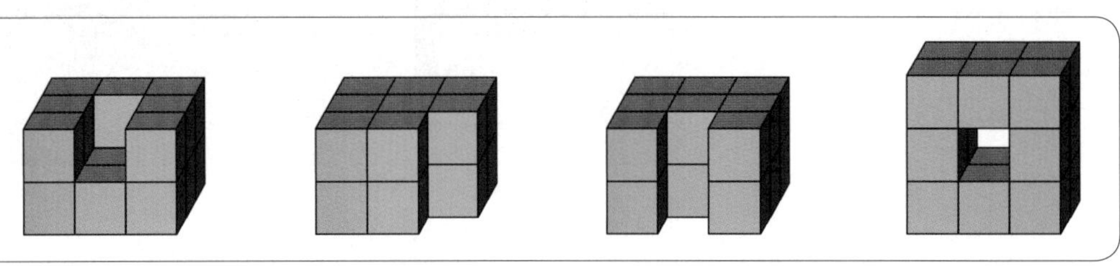

图8.54

如果移出的两块不相连，那么出现的情况会更多，如图8.55所示。

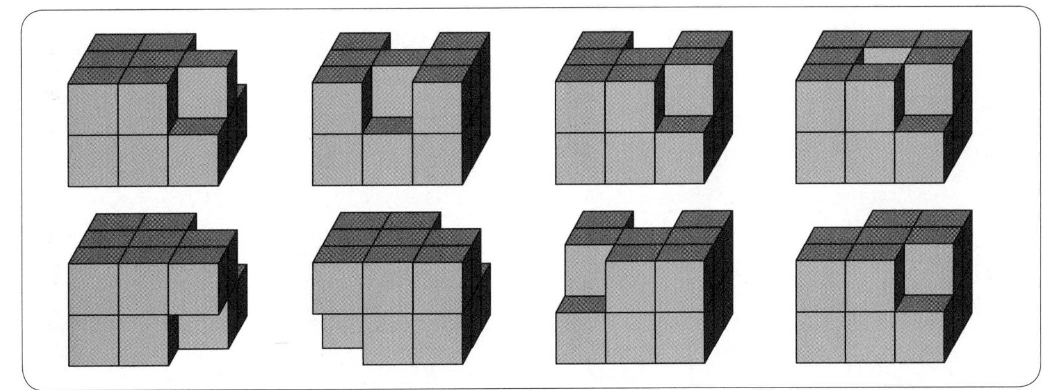

图8.55

上述形体都是由4个四元块构成的。如果将其中一块换成V块，那么会产生3个缺口和更多的分布形体，如图8.56所示。

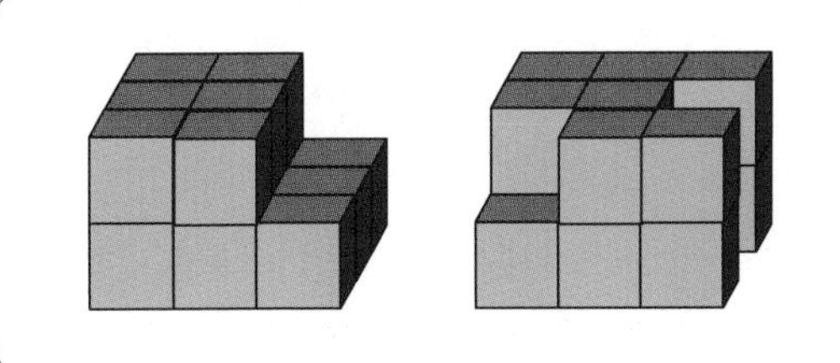

图8.56

更多的带有三个缺口的分布，如图8.57所示。

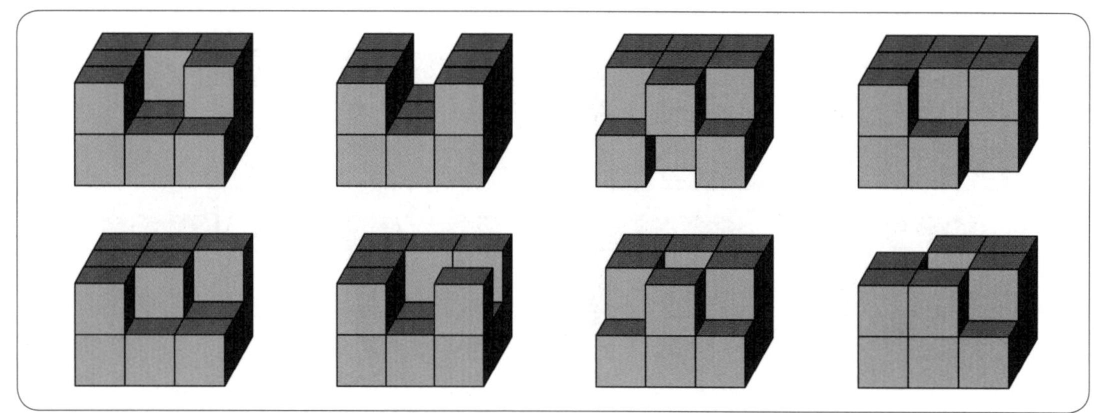

图8.57

下面给出有关上述形体的两个证明，从证明的图示很容易看出证明的是哪一个形体，其他的证明作为练习。

含有两个缺口的形体的证明，如图8.58所示。

含有三个缺口的形体的证明，如图8.59所示。

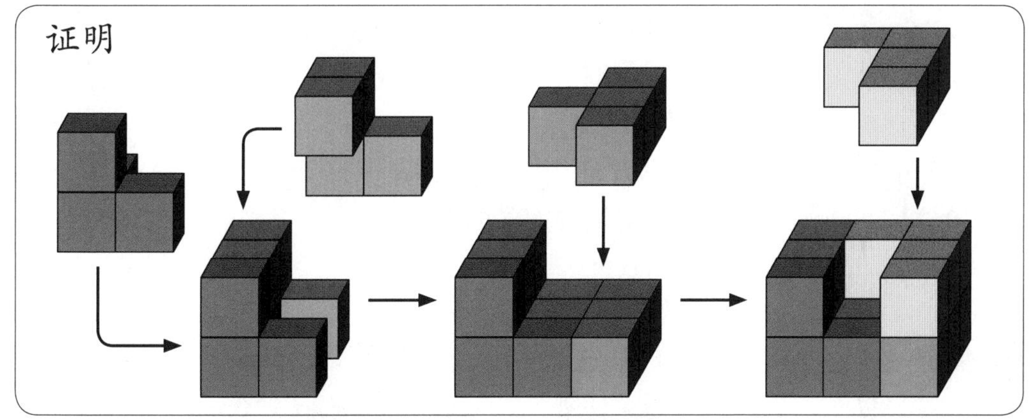

图8.58

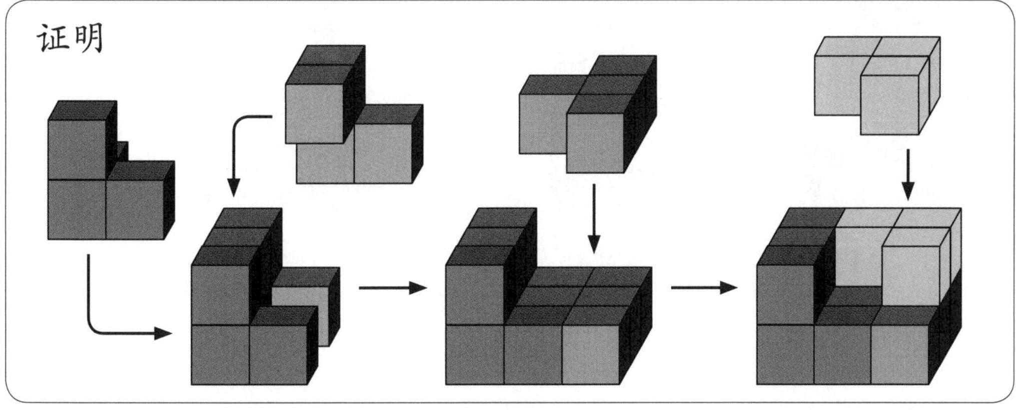

图8.59

本节关于长方体缺口分布的内容还涉及由12、16和20个单元块组成的长方体，并且设计了相关的缺口分布形体。由12块组成的长方体是三层的，可以简称为三层长方体。那么由16块、20块组成的长方体就可以简称为四层、五层长方体，下面我们研究四层长方体的单元块移动问题。

图8.60给出了四层长方体的单元块移动形体。

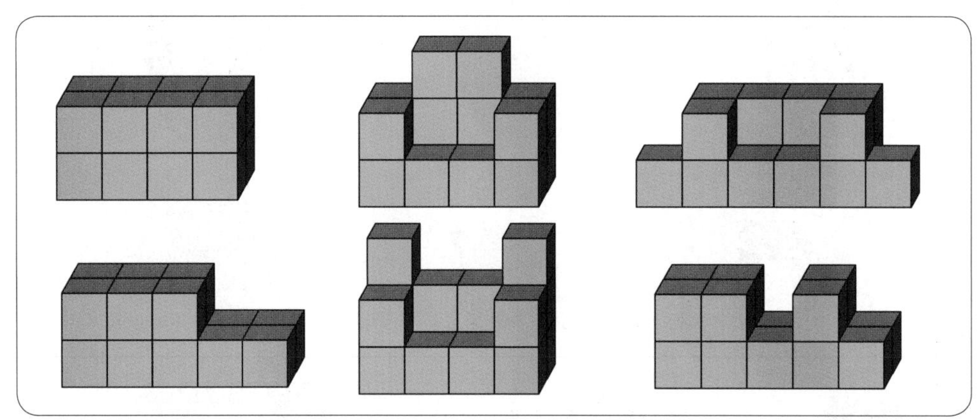

图8.60

从图中可以看出，与缺口分布形体不同的是，移动分布虽然也会造成缺口，但是缺口处的堆块并没有移走，只是换到了其他位置。四层长方体移动

1块、2块、3块乃至4块的分布形体也有很多，都可以作为研究课题。图8.61给出了由四层长方体移动4块产生的两个形体。图8.62给出了其中一个的证明，另一个作为练习。

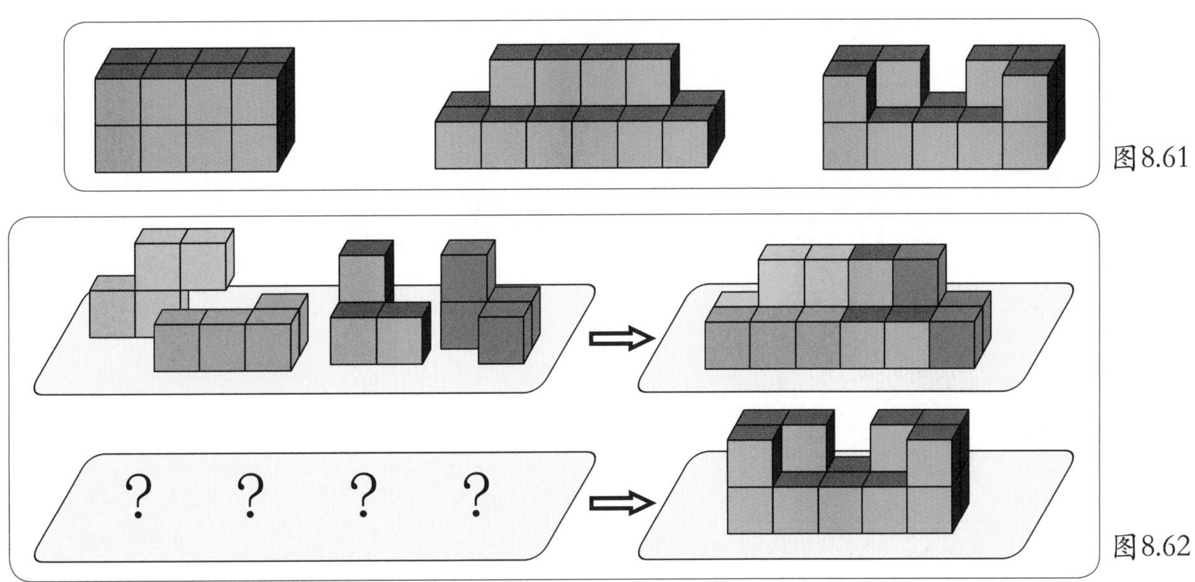

图8.61

图8.62

移动5块、6块乃至7块的形体问题会更多，这里暂不讨论。

第 9 章

立体堆块结构的表示方法

本 章 导 言

任何一门学问都需要信息交流，都需要表达信息的语言文字和图形符号。几何学是关于形的学问，但是，在平面的图与立体的形之间却存在表示的困难，因为人们总是用平面的图来记录立体的形，而不是用立体的模型来记录立体的形。本章介绍了一些记录立体形信息的常用方法。特别介绍了堆块的三视图与形体的关系，并给出了利用这种关系开展空间思维训练的方法。由于现有的立体图示记录方法只能表达立体的外观信息，无法记录立体的搭建结构，所以，本章给出了一种能够记录搭建结构的分层记录法。这种方法既可以用来证明堆块几何命题，也可以用来交流堆块形体的搭建信息。

9.1 记录立体形状的方法

我们生活在三维的世界里，看到的都是立体形状，但是当我们要记录所看到的立体形状时却遇到了困难。因为不是用立体模型来记录，而是在平面上记录，所以必须设法用平面的图表现立体的形。

通常使用线条图表现立体，把立体的轮廓线和棱线在平面上画出来，如图9.1所示。为了增加立体感，还要在不同区域涂上明暗不同的颜色。

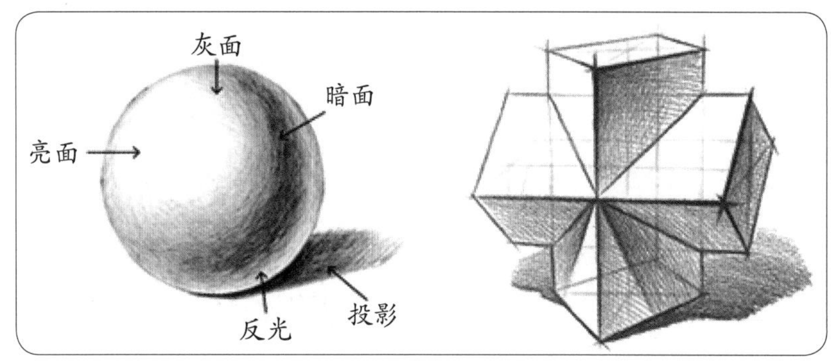

图9.1

这种方法适用于棱角分明的立体，不太适用于圆滑的立体。于是人们利用不同明暗程度的变化来表示圆滑的立体。这种方法成为画家的一种技能——素描。照相机发明之后，立体形状的记录变得容易了。照片可以瞬间在平面上记录立体形状的明暗和颜色信息。

人们制作零件的时候需要精确地表示立体形状，精确地表示出各部分的尺寸。对于这种要求，素描与照片都无能为力，于是人们想到了立体形状的影子。因为影子是平面图形，可以在平面上画出，于是人们设计了一种利用影子来表示立体形状的方法——三视图。用灯光分别从前面、侧面和上面照射一个物体，设想对面有一个平面留下该物体的影子，把三个影子分别画出来并标上尺寸就得到三视图。

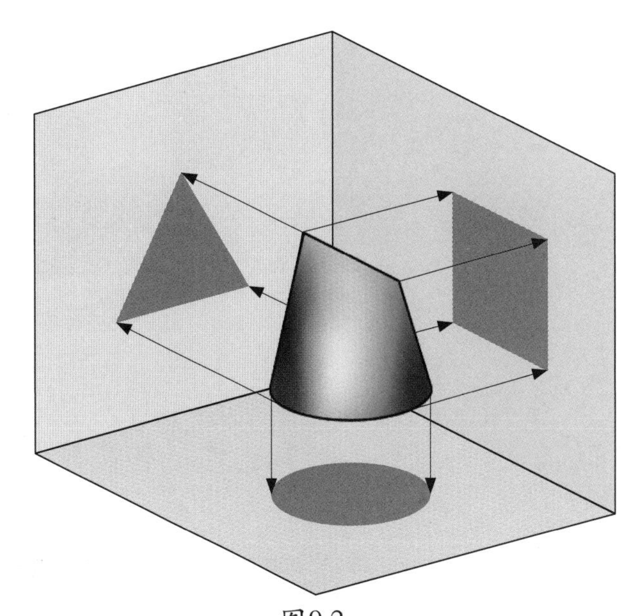

图9.2

图9.2展示了一个形状奇特的立体的三视图。

9.2 堆块的三视图表示

堆块的三视图如图9.3所示，通过该图我们可以确定是哪一个堆块。

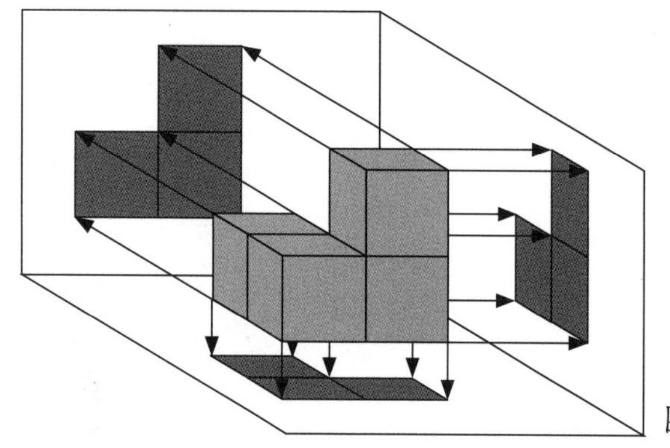

图9.3

根据三视图来判断堆块形状，是一种空间思维训练。平面块的形状容易辨认，因为总有一个标志性的投影形状。T块的三视图如图9.4所示。

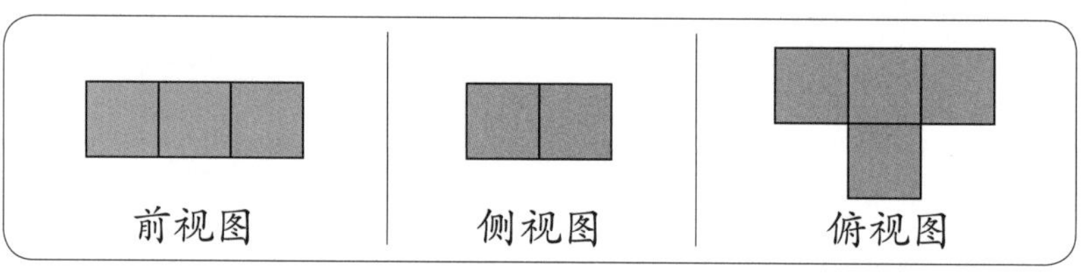

图9.4

立体块的形状不容易辨认，标志性的特点不明显。

图9.3所示rh块的三视图在图9.5中给出。图9.6中给出的三视图是哪一个立体块的呢？

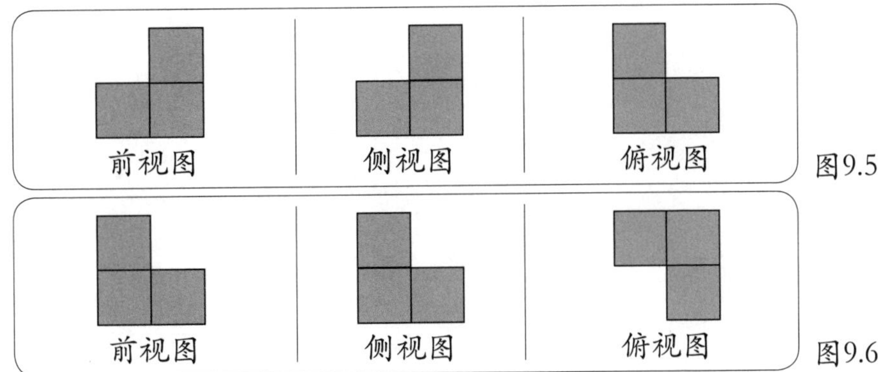

图9.5

图9.6

由三视图来判断立体块可以作为一种空间思维训练方法。下面将给出一些提供这种训练的三视图。图9.7给出示范，图9.8是练习。

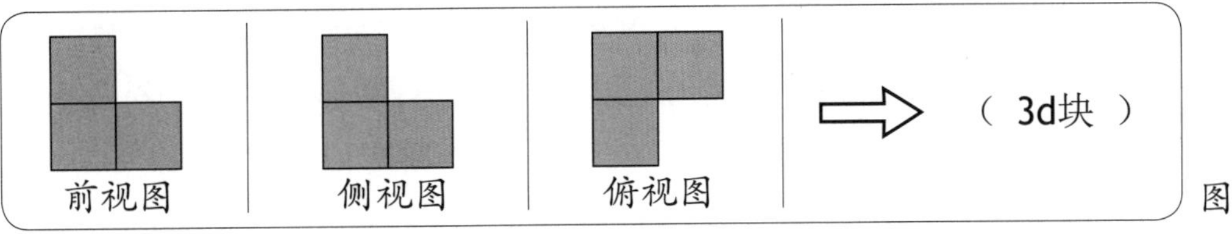

图9.7

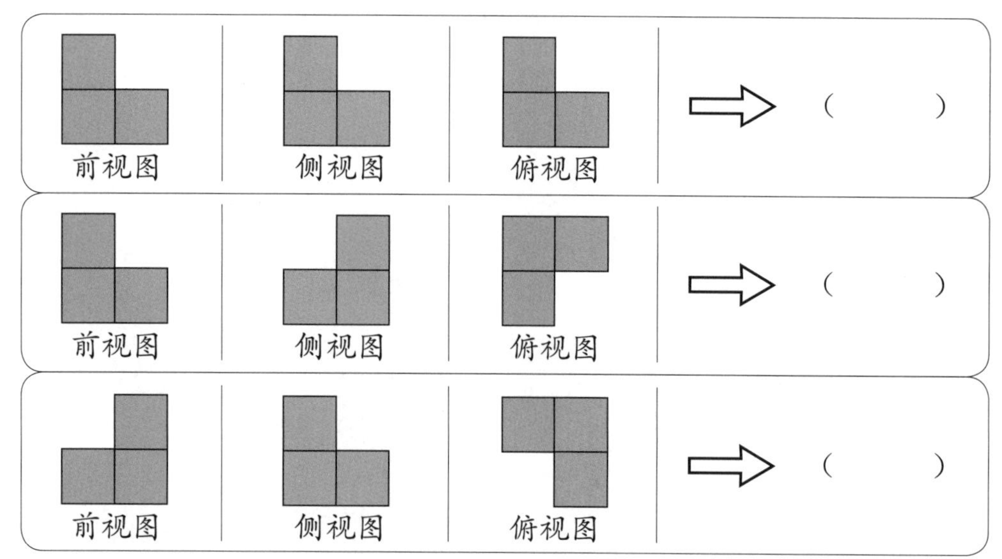

图9.8

空间思维训练的任务有两种：

1.给定一个立体块的摆放形状，画出它的三视图。如图9.3所示。

2.给出三视图，判断其所表达的形体是否是堆块？是哪一个堆块？

由于三个立体块的三视图形状一样，所以，研究这种三视图形状与实体的关系是有趣的课题。

下面给出了一些具体的研究内容。

课题1：研究立体块的初等变换与三视图变化之间的关系。

立体块经过初等变换的旋转和翻转后会导致其三视图的形状变化。如图9.9所示。

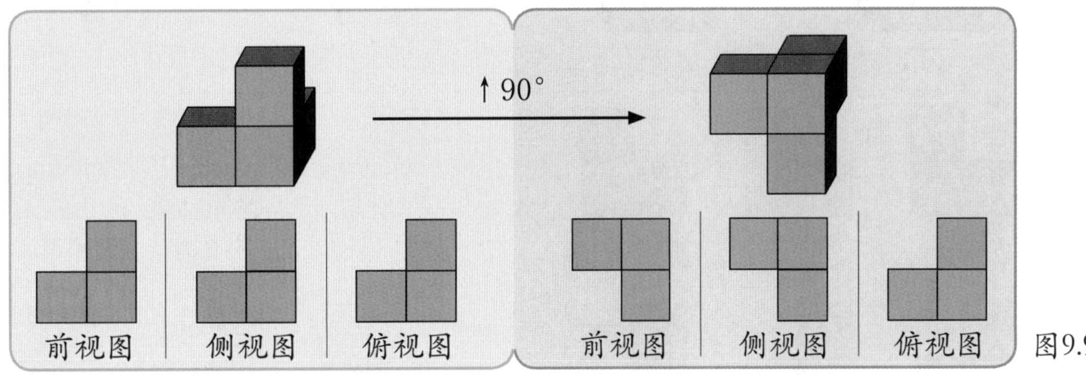

图9.9

课题2：研究立体堆块与其三视图形状之间的判定关系。

研究方法1：给定立体堆块，画出经过初等变换后的所有三视图形状。分析研究这些形状的特点与立体块的关系。

研究方法2：方法1是针对某个堆块的，比较不同堆块的研究结果，确定各自的特征，研究总结出利用这种特征由三视图判断立体块的方法。

图9. 10给出了3d块经过顺时针旋转变换后的所有三视图。

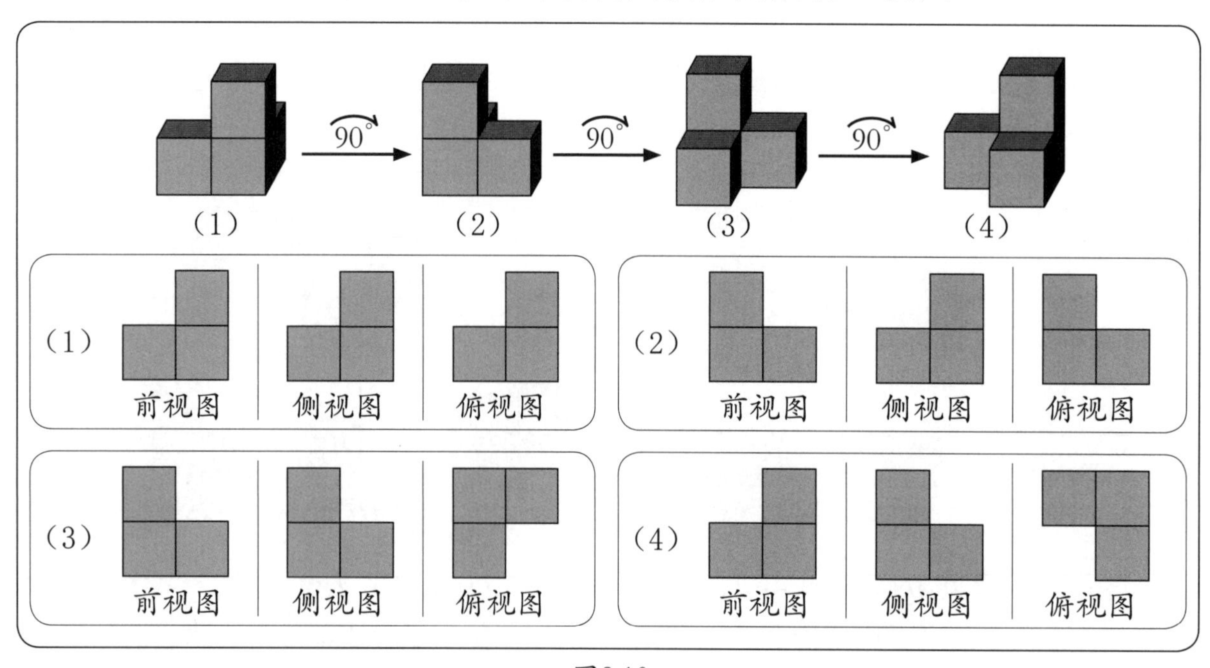

图9.10

再画出两种翻转变换后的所有三视图，可以使研究工作进一步深入。

图9.11给出了lh块经过顺时针旋转变换后的所有三视图。

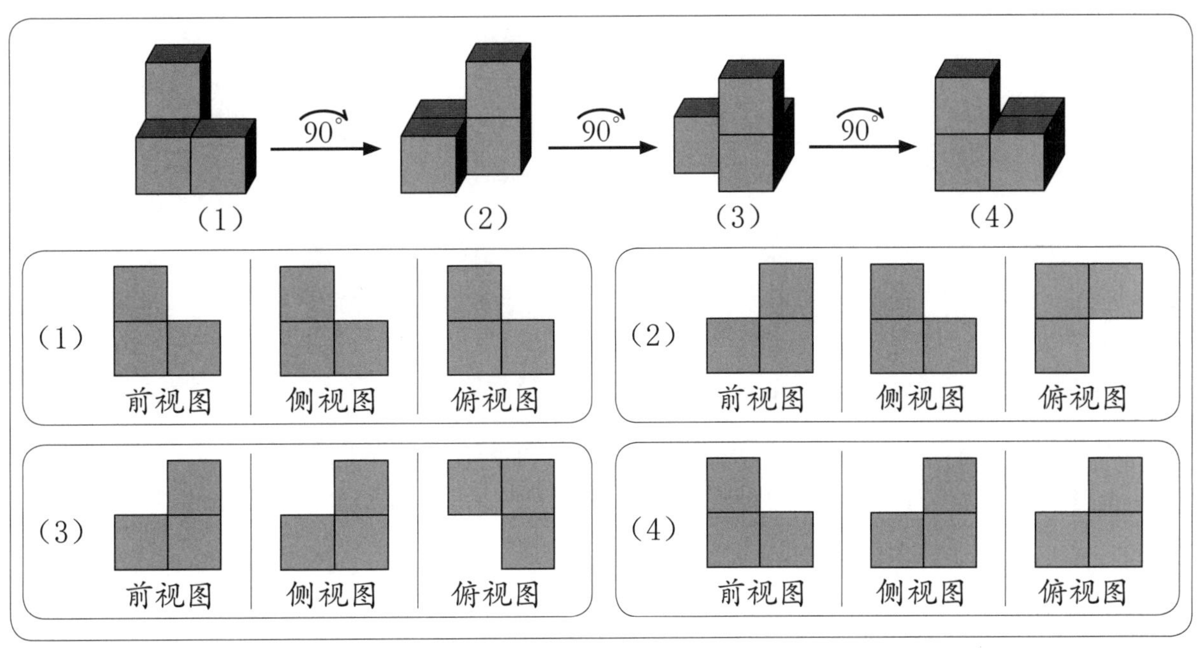

图9.11

关于立体块和三视图之间的关系，还可以提出其他有趣的问题。

问题9.1：图9.12中的三视图所表示的形体是堆块形体吗？

如果回答是堆块形体，需要指出是哪一个立体块；如果回答不是，则需要说明理由。另外，还可以提出如下问题：

问题9.2：如果要使图9.13中的三视图表示3d块，那么俯视图应该是什么形状？如果要表示rh块呢？

对lh块也可以提这样的问题。

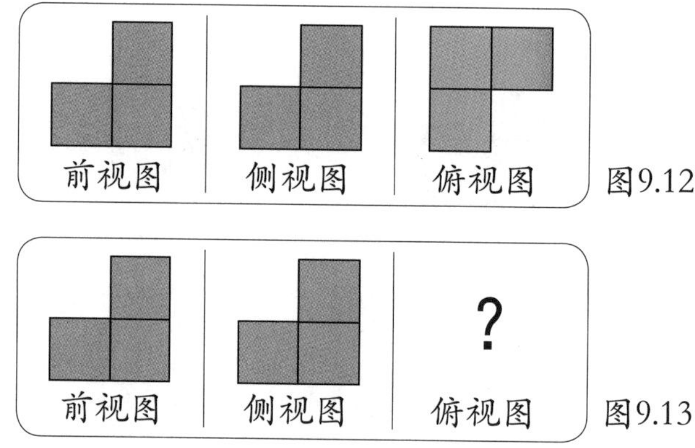

图9.12

图9.13

从立体块的三视图表示可以引出很多有趣的堆块几何问题，研究这些问题可以提高人们的空间想象和思维能力，以及透过现象把握本质的分析综合能力。

9.3 立体堆块结构的分层记录法

无论是线条图、素描图、照片还是三视图都只能记录立体的外部形状，无法记录其内部结构。我们需要一种能够记录立体形体搭建结构的方法。用一些堆块搭建形体，有时候好不容易搭建出一个有趣的立体形状，但是，拆散以后却难以重建，就是因为没有记录这些堆块搭建的内部结构，一旦拆散，就记不清楚这些堆块之间的搭建关系。

为了解决这个问题，本书给出了一种表达堆块形状内部搭建结构的记录方法——分层记录法。图9.14给出了这种方法的示意。

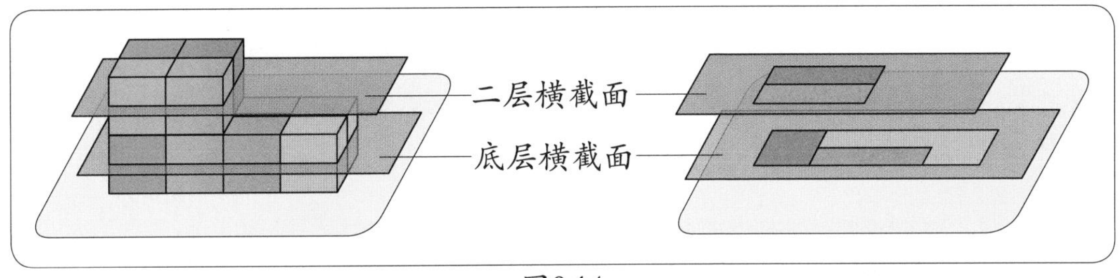

图9.14

分层记录法的步骤

下面参照图9.15所示的阶梯形状，介绍具体的记录步骤。

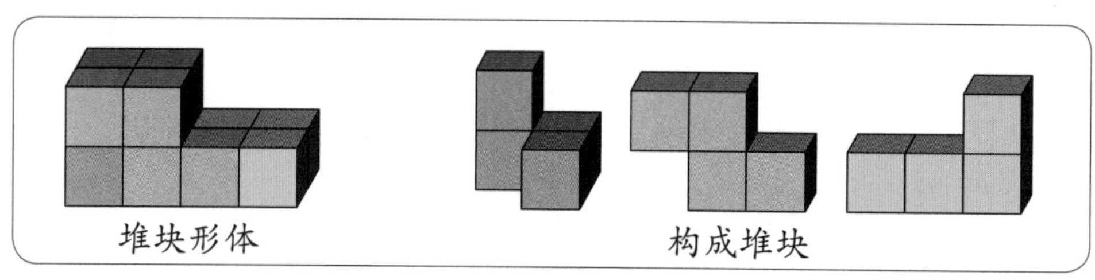

图9.15

第一步：画出构成堆块形体的底层堆块与平面接触面的轮廓图。

图9.15所示的阶梯结构中，底层堆块与平面接触面的轮廓图如图9.16所示，图9.17是手绘的底层堆块与平面接触面的轮廓图，并且在每一个堆块的接触面区域给出了该堆块的名称符号。

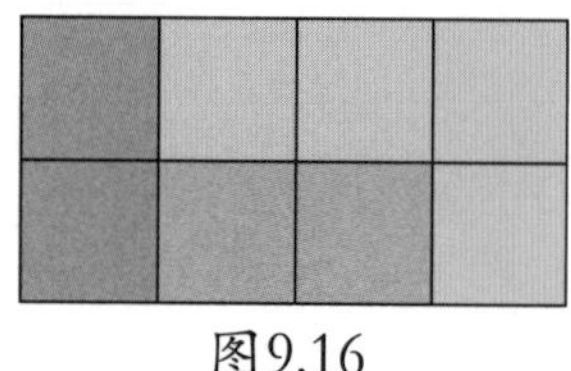
图9.16

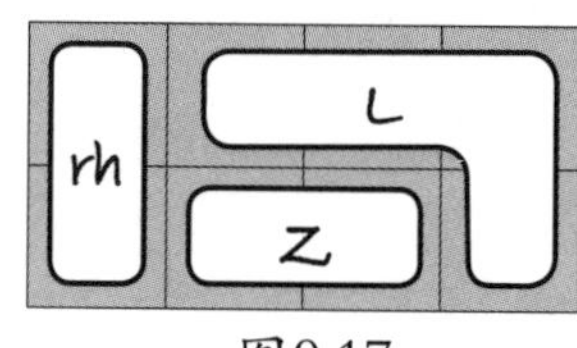

图9.17

第二步：想象在第二层堆块中水平切入一个平面，把每一个堆块的切口截面画出来，并标出堆块符号。如图9.18所示。

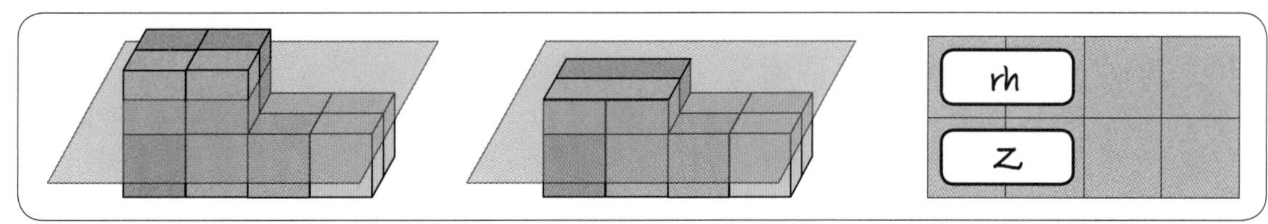

图9.18

第三步：重复这个步骤直到顶层的堆块。

这就是分层记录法。如果堆块形状只有两层，那么，两步就可以结束，如果有三层，就需要三步。根据这些分层记录图的提示，我们很容易摆出所记录的堆块结构。

■根据分层记录图摆出堆块形体

图9.19是分层记录图。根据图示摆出堆块形体的过程如图9.20所示。从图中可以看出，在摆放第一层堆块的时候，第二层的形体也已经出现了，因此，第二层的分层记录图也是对第一层摆放的指导。

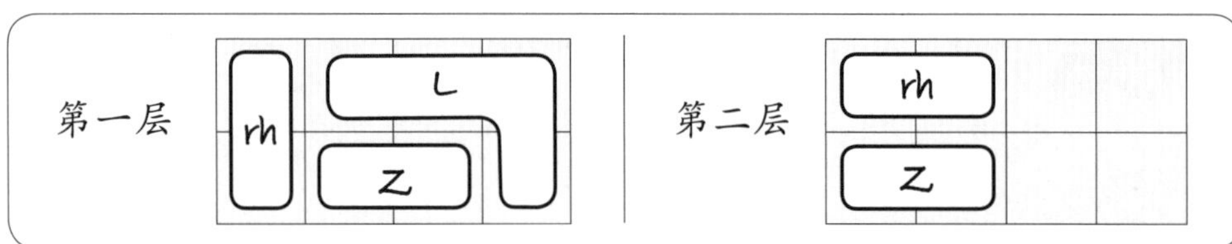

图9.19

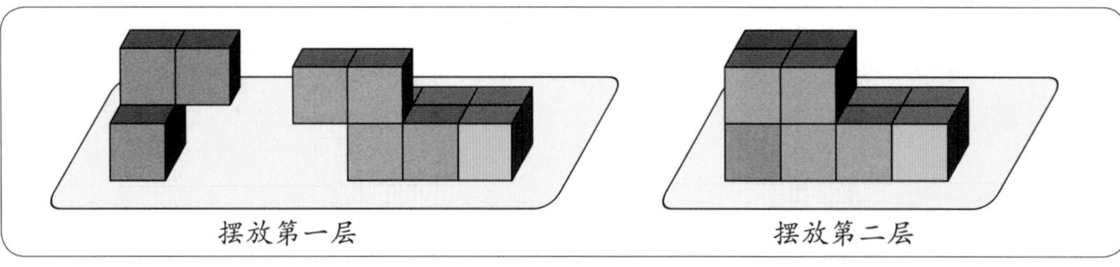

图9.20

图9.21是一些堆块形体的分层记录图展示。

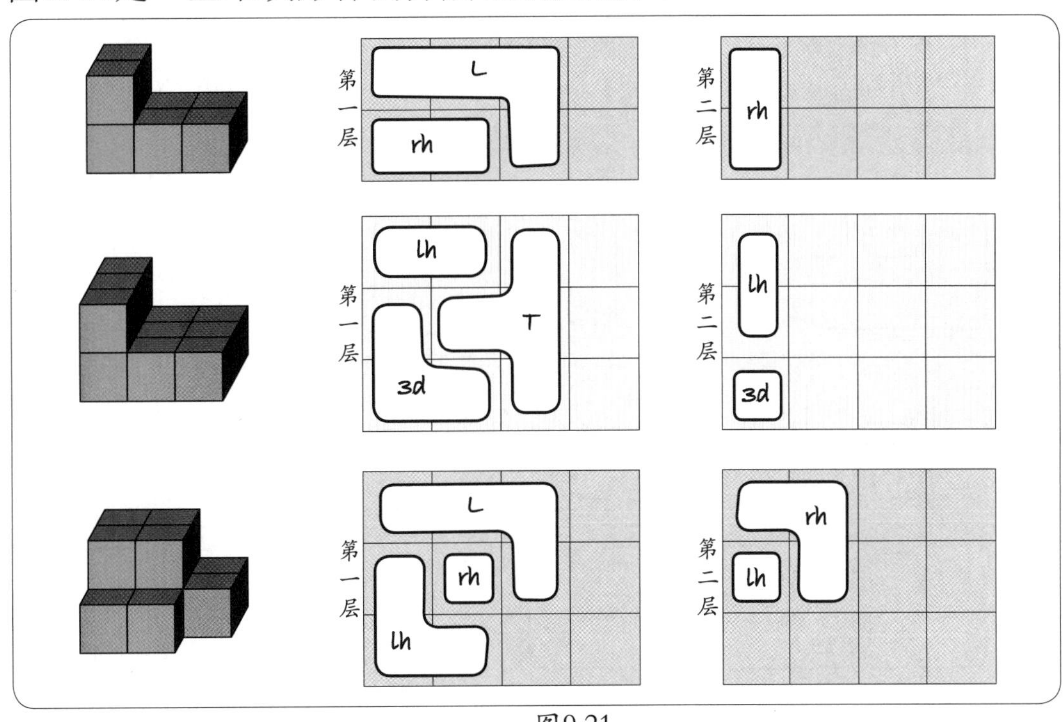

图9.21

掌握了这种表达方法以后，如果摆出了一个有趣的堆块形体，我们就可以用分层记录法记录下来。当需要重建这个有趣的形体与其他人交流展示的时候，就不用担心忘记搭建结构了。图9.22是一些有趣的堆块形体的分层记录图，按图搭建堆块形体可以作为熟悉这种方法的练习。

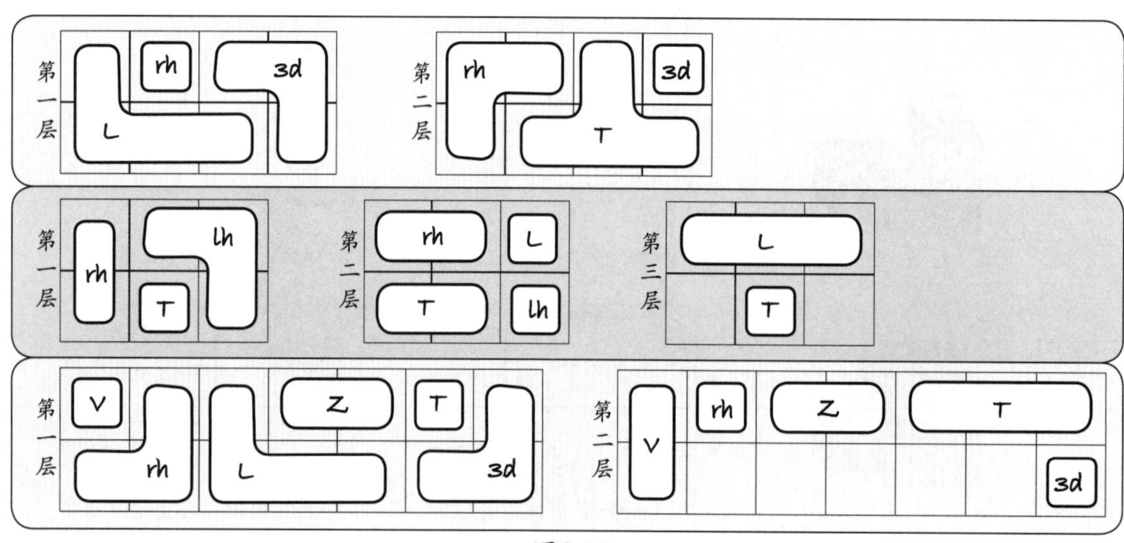

图9.22

堆块形体的这种分层记录方法表示不是唯一的，同一个堆块结构可以有不同的分层记录。如果把堆块形体旋转90°，那么分层表示就不同了，如果翻转90°或180°，那么每一层都变了，分层表示当然也就变了。判断同一个堆块形体的不同分层表示是对空间思维能力的极大挑战。一般情况下，从不同的分层记录图很难判断摆出的形体是否具有相同的结构，只有在摆出形体之后才能够比较搭建的结构是否相同。

堆块分层记录法可以用来交流堆块形体的搭建成果。如果以命题的方式宣布了一种堆块形体，那么，分层记录法就可以作为该命题的证明，得到证明的命题就可以成为定理。

沙发定理：带靠背与扶手的沙发形体可以是堆块形体。

图9.23是这个沙发定理所说的形体。

证明由沙发形体的分层记录给出。参见下页的图9.24。

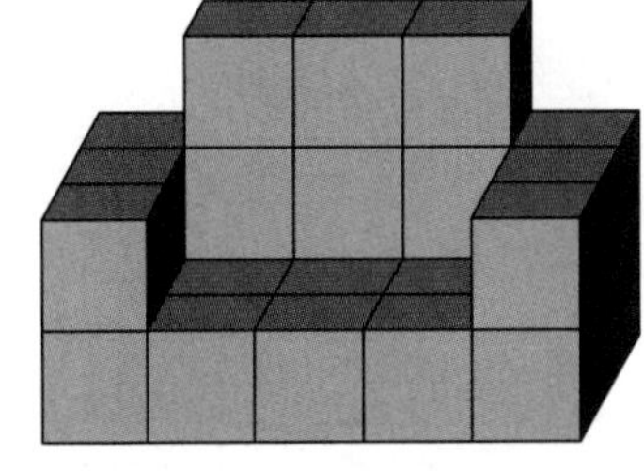

图9.23

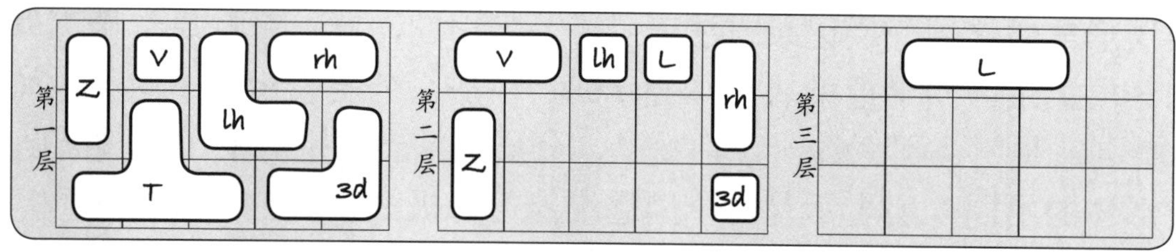

图9.24

图9.25是图9.22所示的分层记录法所记录的形体，将这3个形体向后翻转90°，用分层记录法对每一层进行记录，图9.26、9.27、9.28分别是从左到右三个形体的分层记录结果。

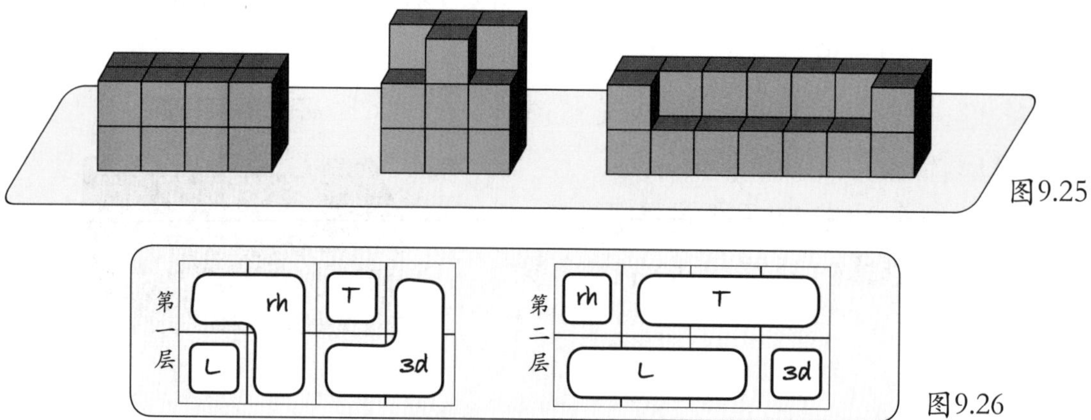

图9.25

图9.26

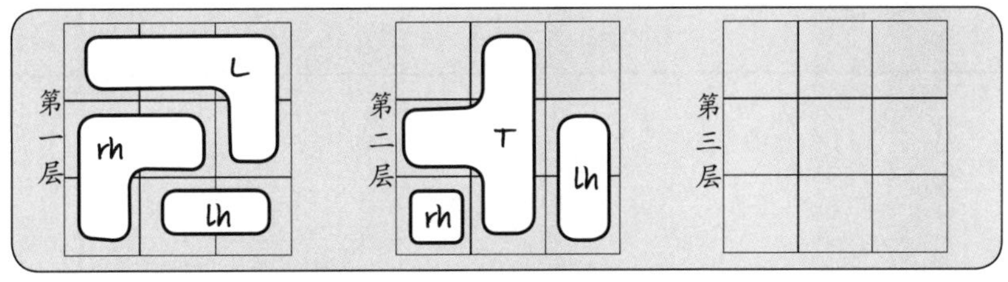

图9.27

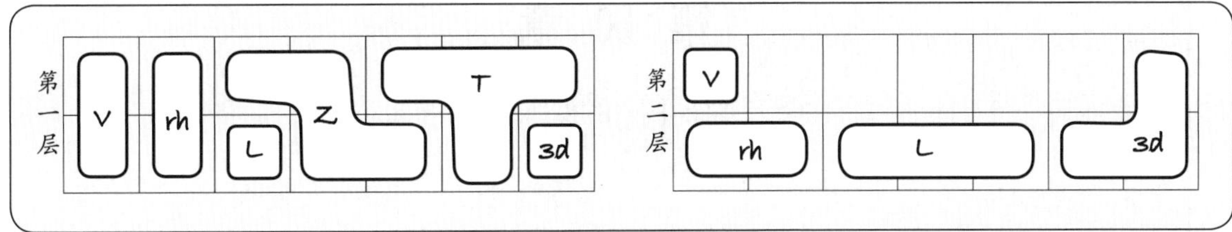

图9.28

分层记录法是进入堆块几何大门的钥匙，这把钥匙能帮助我们打开堆块学园的大门，发现更多的问题，提出更多的命题，展开自己的研究工作，一边玩一边研究。

让我们进入堆块学园。

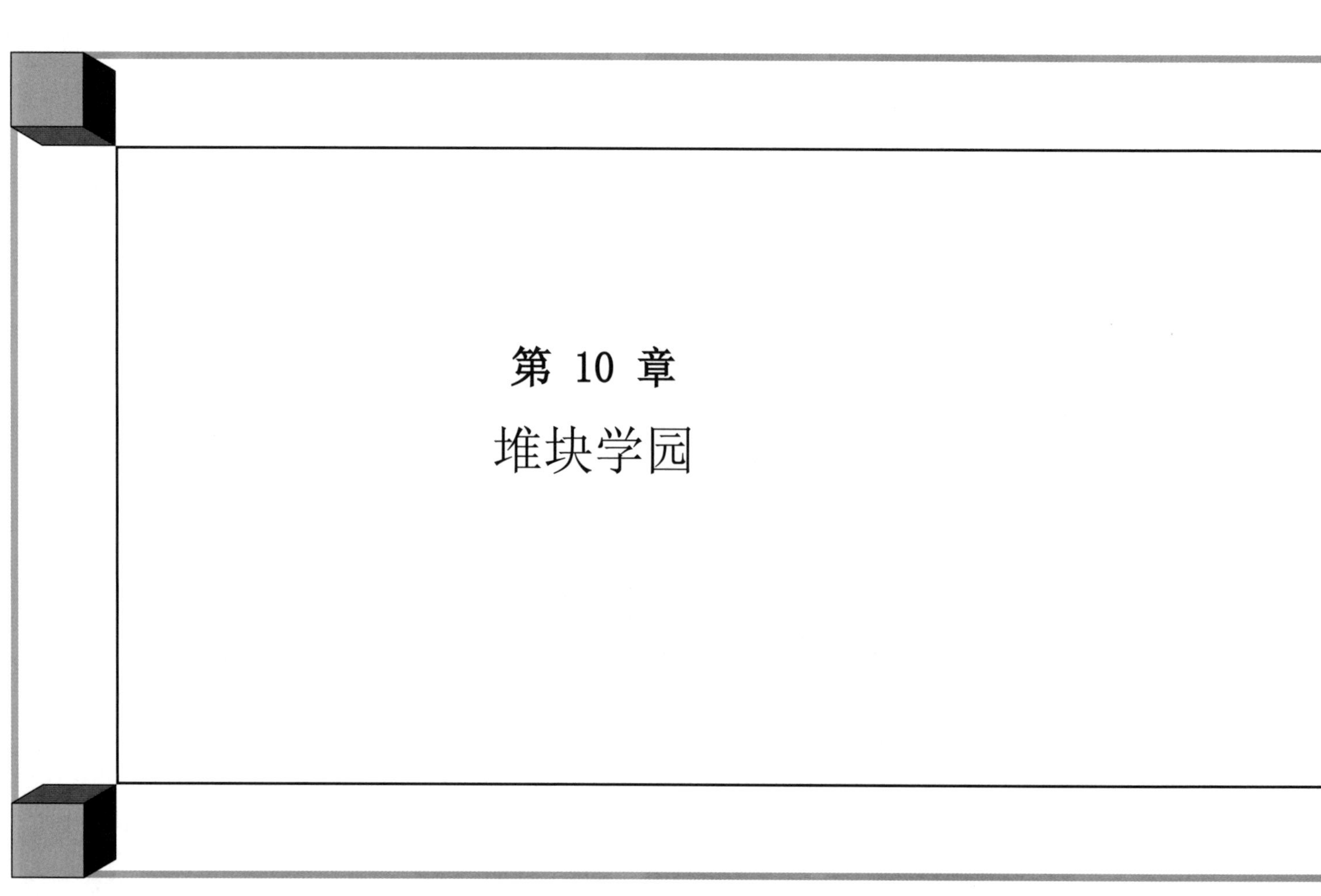

第 10 章

堆块学园

本 章 导 言

立体结构的记录与交流有助于研究工作的进一步深入。本章在已有三块和四块构造研究的基础上，进一步将研究提升到创造的层面。提出了堆块结构的同形异构概念与形体之间的镜像关系；在此基础上展开了关于多块构造与创造的研究。作为学术活动的入门体验，本章还设计了创建堆块几何学园的途径：包括创建个人的堆块城堡，积累个人的研究成果，相互交流、撰写研究论文，形成研究活动团体，创建堆块几何学园等。

科学并不总是庄严的事业与责任。在很多科学家眼里，科学就是他们兴趣的乐园。这些科学家就像充满好奇心的天真孩子，兴趣和乐趣引导他们做出非凡的发现与创造。堆块几何就是要让更多人体验这种乐趣，理解并尝试探索、发现与创造的人生，成为有科学品位的人。

10.1 三块的构造

前文已经介绍了一些由3个堆块构造的形体，包括放大到3层的L块、T块和Z块，12块长方体，还有两种阶梯形体，以及九宫格上层的两个单元块分布。下面将了解有关形体与结构的更多知识。

■同形异构

同形异构指的是同一个形体的不同搭建结构。下面两个命题就是关于这种结构的。

命题10.1　用3个平面块摆出图10.1所示的形体。

命题10.2　用3个立体块摆出图10.1所示的形体。

同样的形体用不同的堆块搭建肯定会有不同的结构，所选堆块差异越大，搭建结构差异也越大，可以有1块不同、2块不同和3块不同。在3块的构造中，3块不同是最大的选块和结构搭建的差异。通过下面的分层记录可以看出这种差异。

图10.2给出了命题10.1和10.2的分层结构图，这也是对两个命题的证明。在摆放目标形体的过程中，有时会得到图10.3所示的这些形状。这些形状是我们需要的目标形体的形状吗？

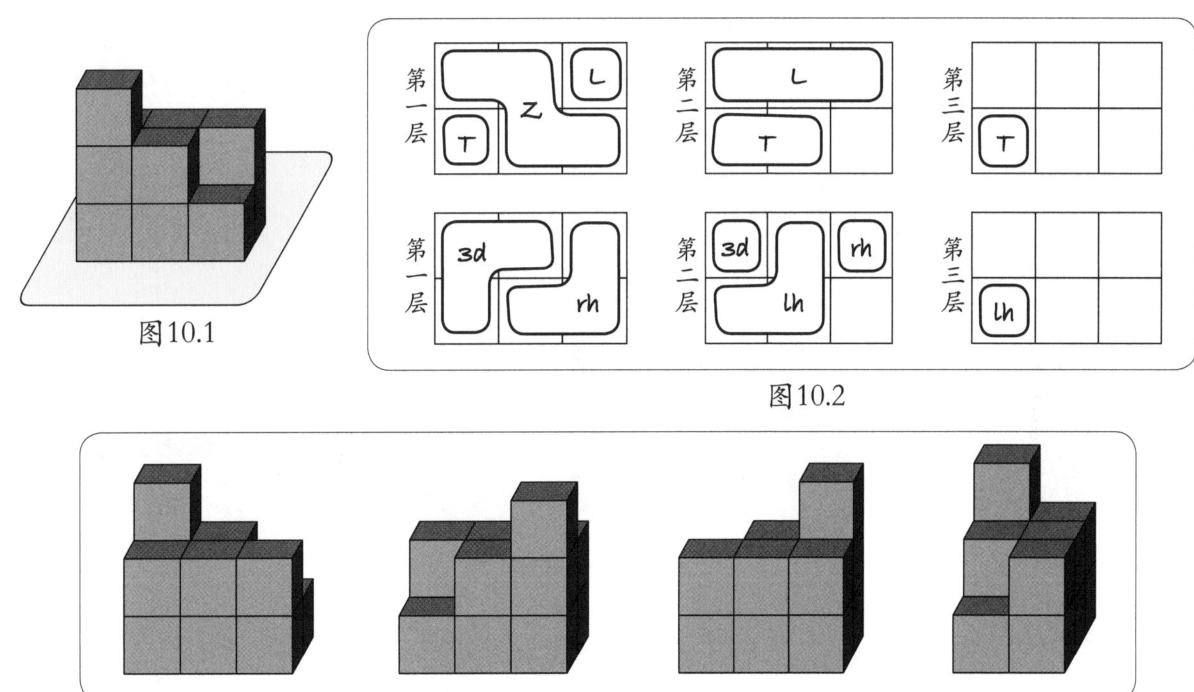

图10.1

图10.2

图10.3

解决这种判定问题需要用初等变换方法来分析这些形状之间的关系，与目标形体的某种形状是初等变换关系的就是目标形体，而与目标形体的某种形状是镜像关系的就不一定是目标形体了。

目标形体与目标形状这两个概念是什么关系呢？可以这样理解：当你闭着眼睛摸到一个形体的时候，这个形体可以被认作目标形体；当你睁开眼睛的时候，看到的就是目标形体的某种形状。如图10.4所示。

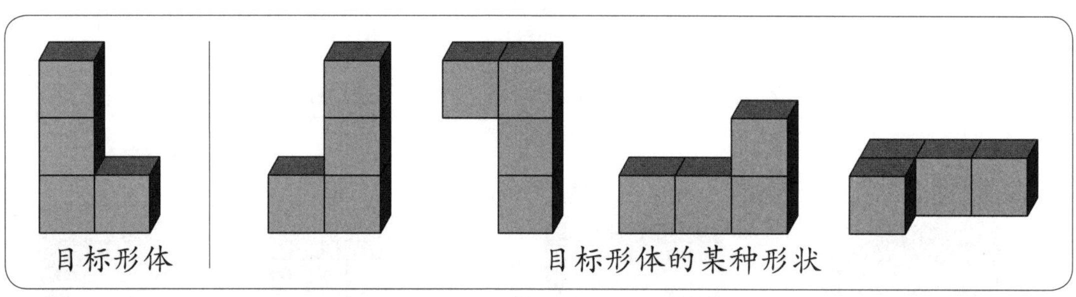

图10.4

如果我们得到了目标形体的某个形状的镜像形状，是否说明已经接近目标形体了呢？这个问题的回答是肯定的。说明堆块选择正确，只是摆放方法还需要做一些改进。下面将给出相应的研究结论。

■镜像关系的形体

图10.5给出了具有镜像关系的两个堆块形体和各自的分层记录。比较两个分层记录图可以发现摆出镜像形体的一种方法，那就是将底层的分层记录图作镜像处理，接着将每一层的记录图都作镜像，然后按照处理后的分层记录图就可以摆出镜像形体。也就是说，互为镜像形体的每一层记录图都具有镜像关系。

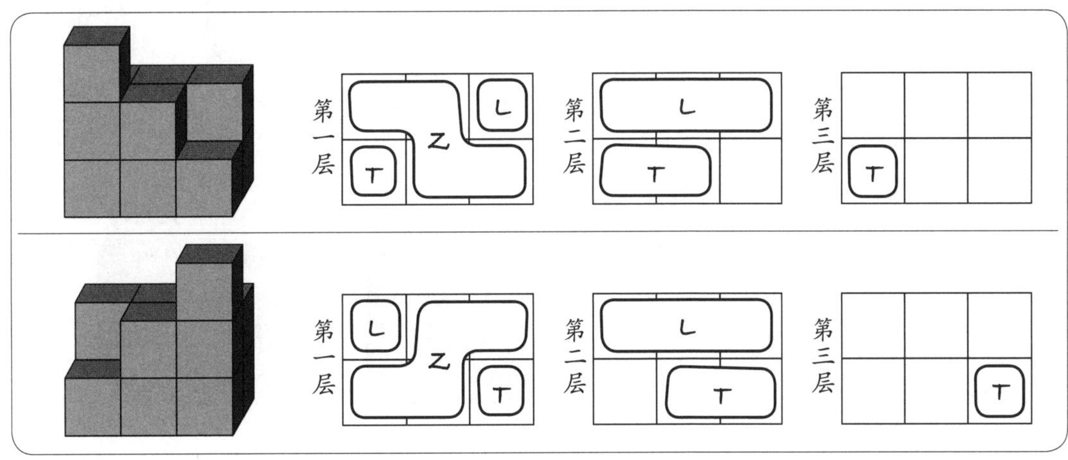

图10.5

摆出互为镜像关系的两个形体时需要考虑lh块和rh块的镜像关系。

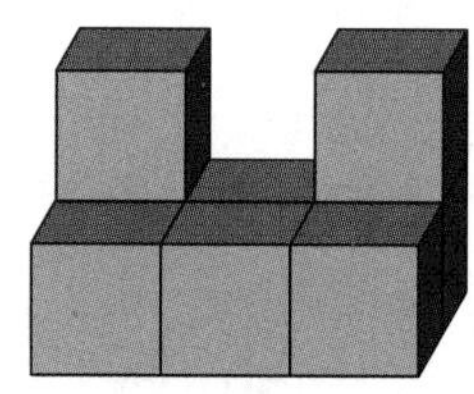
图10.6

图10.6具有良好的对称性，它的镜像还是它自身。

它的构成有两种方法，分别是3d块和lh块，3d和rh块，图10.7给出了分层表示。可以看出第一层的图是互为镜像的，但整体上是同形异构的。

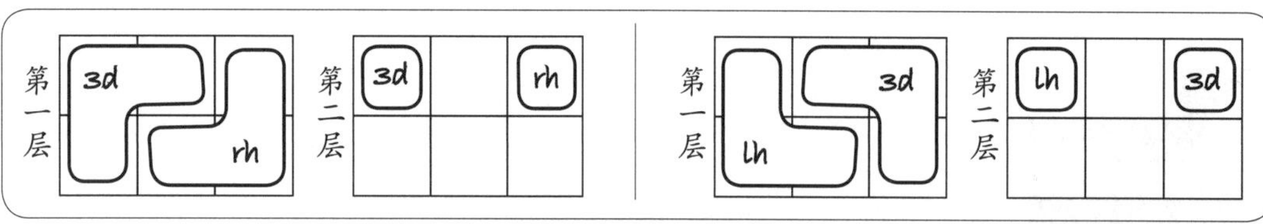

图10.7

如果在第二层分别放入rh块和lh块就会得到两个互为镜像的形体，如图10.8所示。

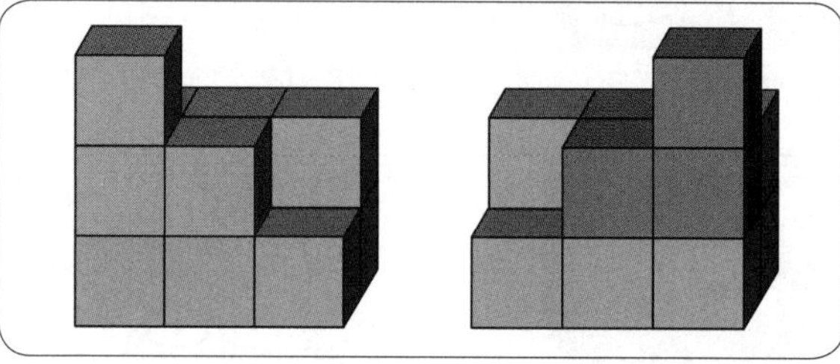
图10.8

我们可以猜想：如果一个形体的镜像是堆块形体，那么这个形体也是堆块形体。

10.2 三块的创造

利用3个堆块我们已经搭建了很多形体，如图10.9所示。如果利用这些形体继续搭建，我们将会得到6块的形体，下面思考如何利用3块的构造创造出更具特色的六块构造。

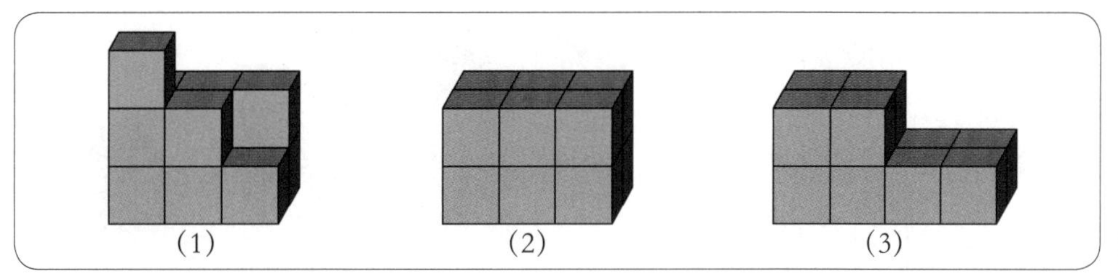

图10.9

相同形体的应用

利用6个四元堆块可以搭出如图10.9(1)所示的2个相同的形体。把这2个形体摆成如图10.10所示形状，然后靠在一起就得到图10.11所示的长方体。

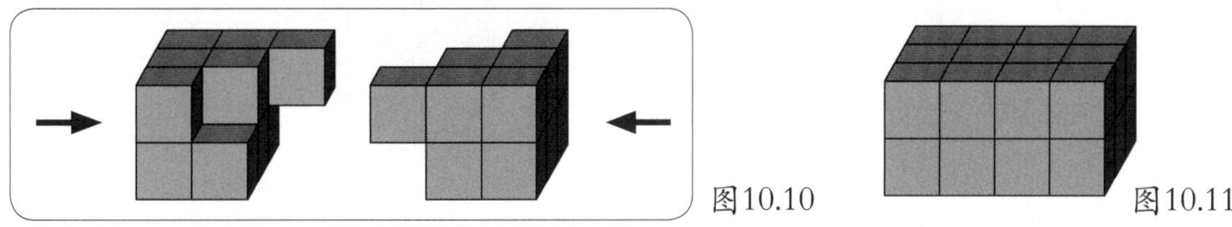
图10.10　图10.11

如果要直接搭出图10.11所示的含有24个单元块的长方体，即24块长方体，可能不是很容易。而图10.9所示的搭建方法给我们提示了一种解决问题的策略：将问题的任务分解，将一个复杂的大任务分解成一些简单的小任务来解决。将V块形状放大到8倍是一个含有24个单元块的大V块形体，如图10.12所示。

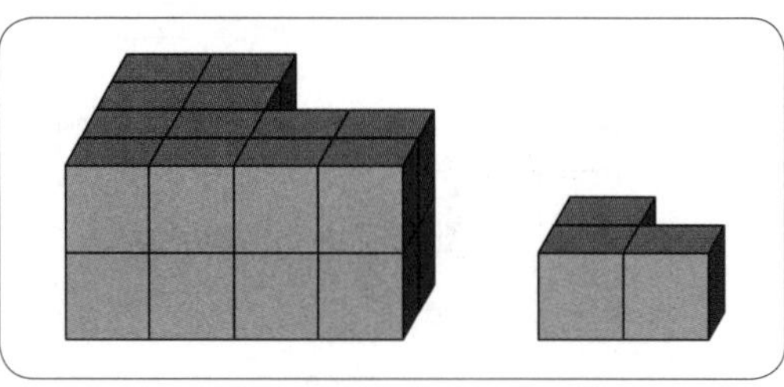

图10.12

可以尝试利用上面给出的策略证明这个大V块是堆块形体。

图10.13给出了一个非常有趣的形体，可以称之为“桥”。直接摆出这个形体很困难，我们不知道先摆哪一种堆块。这时我们需要利用任务分解策略，将这个形状从中间切开，分解成两个相同的形体。如图10.14所示。这又是同形异构体，而且都是3块的构造，比较容易搭建。图10.15给出了搭建这两种形体的分层记录图。

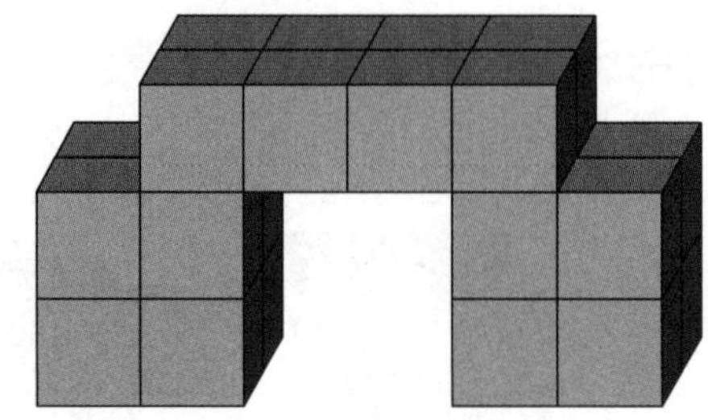

图10.13

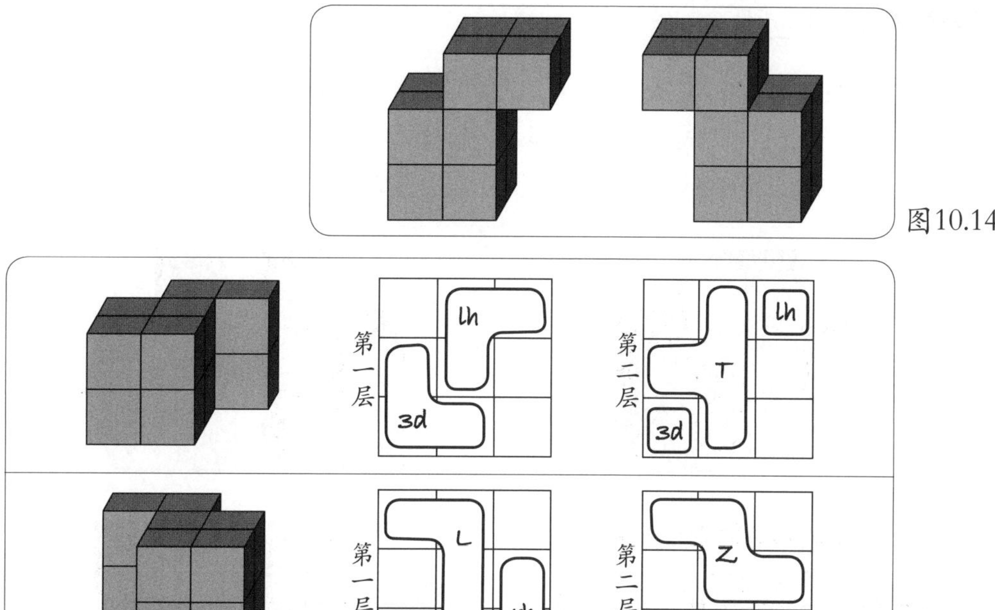

图10.14

图10.15

6个堆块的构造不仅可以分解成2个3块的构造，还可以分解成2块和4块的构造。2块、3块和4块的构造我们已经有所了解，接下来还会有5块、6块乃至7块的形体构造问题。可见堆块几何的研究任务非常丰富。

■镜像形体的应用

8.4节给出了两个堆块移动产生的形体。为了摆出这两个形体，可以把每一个都分为两个互为镜像的形体，如图10.16所示。

这些互为镜像的形体都是两块构造，很容易摆出。

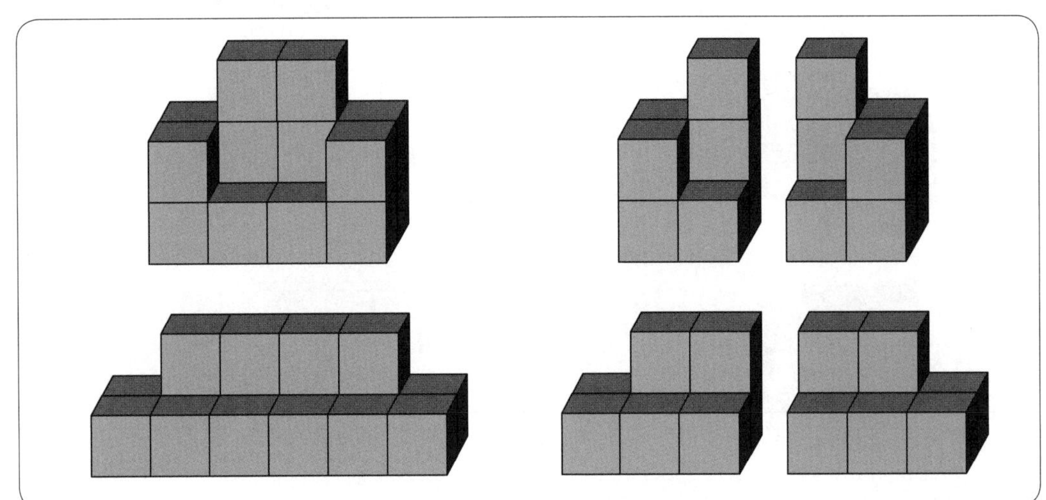

图10.16

很多对称形体都可以用两个镜像形体得到。图10.17给出了更多的形体。

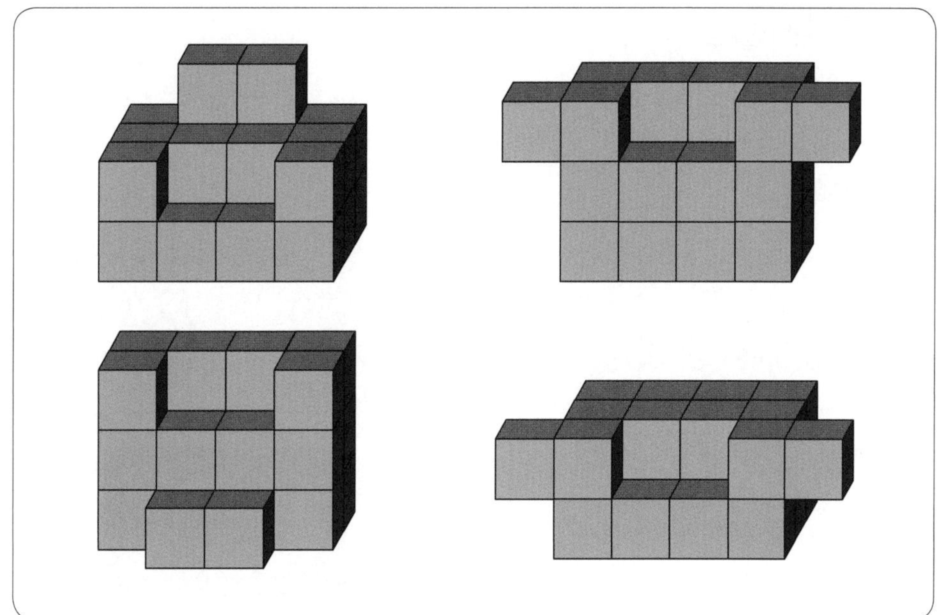

图10.17

10.3 多块的构造与创造

前文我们探讨了三个堆块组成形体的构造与创造，接下来自然会想到多块形体的构造与创造，包括：四块、五块、六块和七块。

■四块构造与创造

8.4节所讨论的立体形问题就是4块的构造问题，那里只作为形体设计问题提出了一些形体设计命题，并没有研究证明这些形体命题的方法。关于4块所构造形体的研究方法，我们可以采用前面提过的问题分解策略，将4块的构造分解成两个2块的构造。下面给出一个示范命题：

命题10.3 图10.18所示的16块长方体是堆块形体。

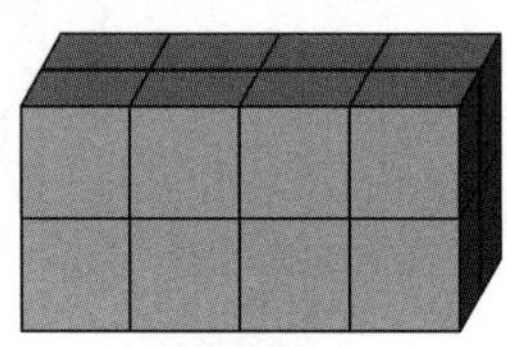

图10.18

将上述命题分解为下面的两块构造命题。

命题10.4 图10.19所示的形体是堆块形体。

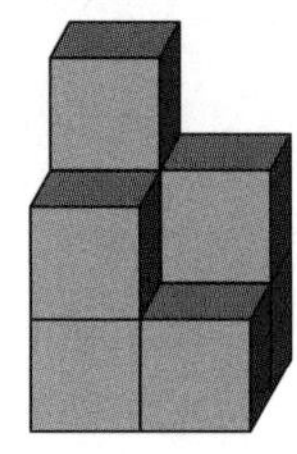

图10.19

命题10.4作为2块的命题很容易解决。但是我们要按照前面提到的同形异构的概念处理这个命题，即分别用两种不同的堆块摆出这个形体。证明设想如图10.20所示。

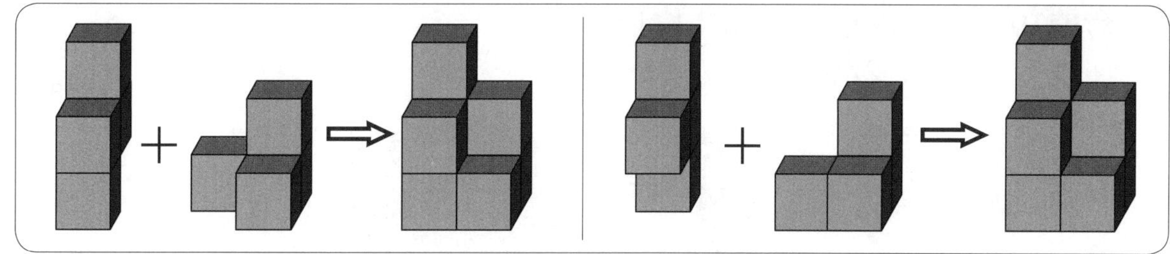

图10.20

用4个堆块摆出了图10.19所示的2个相同的形体之后，就可以完成命题10.3的证明，如图10.21所示。

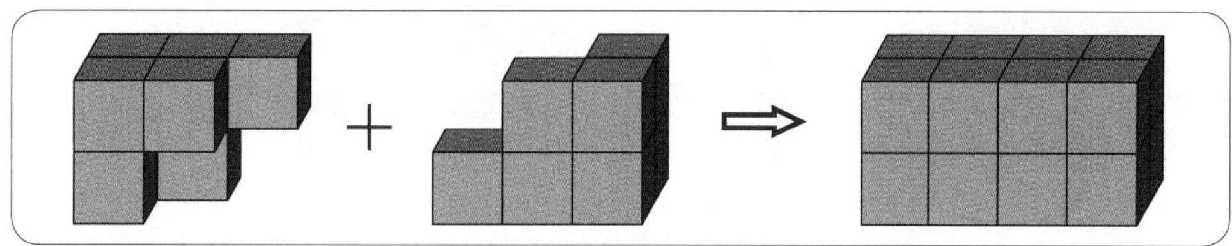

图10.21

上述策略是将四块构造分解成 2 + 2 的构造来解决问题，还可以考虑分解成 3 + 1 的构造方法，如下述命题所述。

命题10.5 可以摆出4层的L块形体。

证明 如图10.22所示。

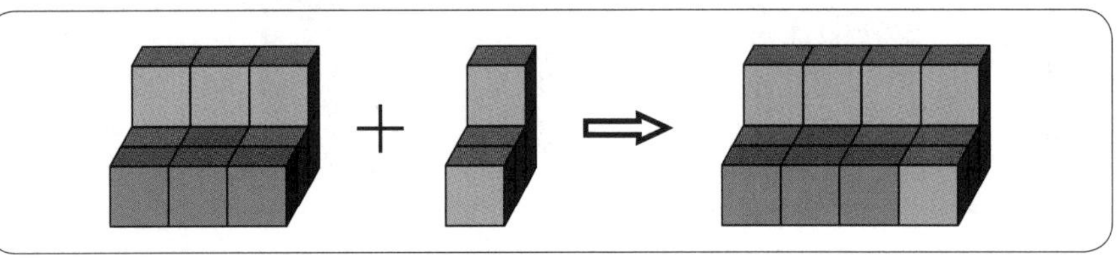

图10.22

命题10.6 可以摆出5层的V块形体。

证明 如图10.23所示。

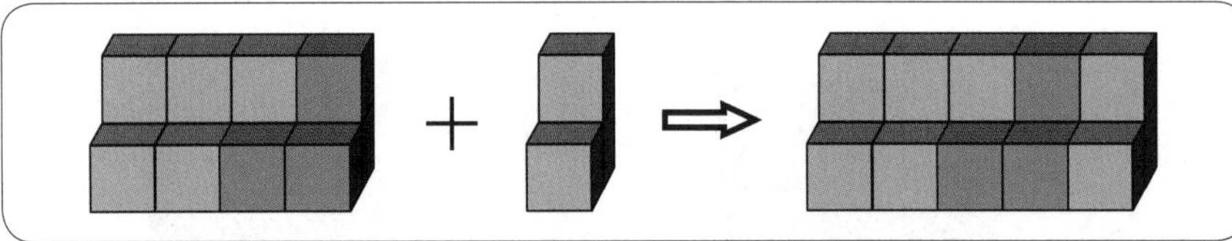

图10.23

四块的创造有两个含义：首先是指四块构造的形体设计创新；其次是指利用四块构造的形体与两块或三块构造的形体结合，创造六块或七块的形体。

四块构造的形体设计创新如图10.24所示。四块构造形体与两块或三块构造形体相结合所创造的形体如图10.25所示。

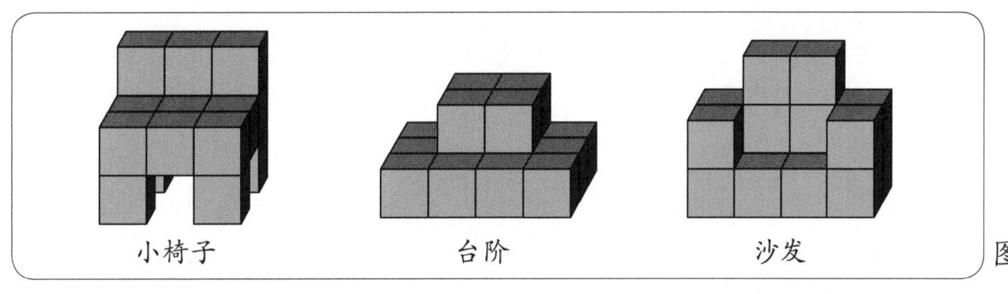

图10.24

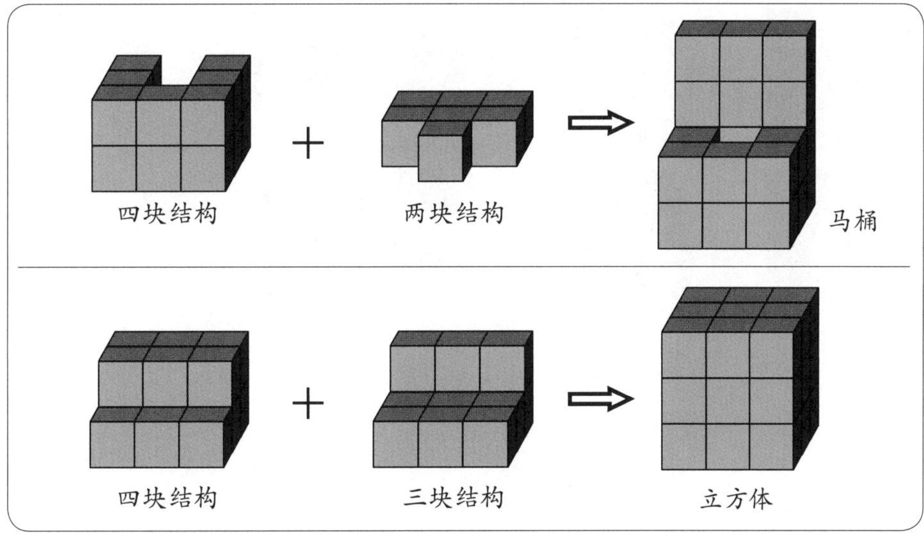

图10.25

■五块构造与创造

关于5个堆块所构造的形体设计，还是采用问题分解策略，将五块的构造分解成两块和三块的构造。两块与三块构造都是我们研究过的，可以直接用来构造五块的结构。图10.26所示的形体分别是12块长方体与两层的L块和T块结合形成的五块构造。

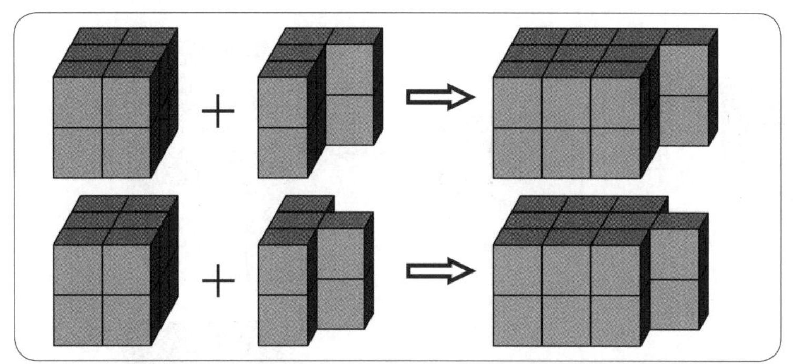

图10.26

为了研究五块构造的新形体，我们可以像之前讨论过的那样，通过变换单元块分布来实现。图10.27是将图10.26中凸出的2个单元块放到顶层来实现的几种分布情况。图10.28给出了只有1块在顶层的分布情况。研究这些分布哪些是堆块形体，哪些不是堆块形体是内容丰富的研究课题。

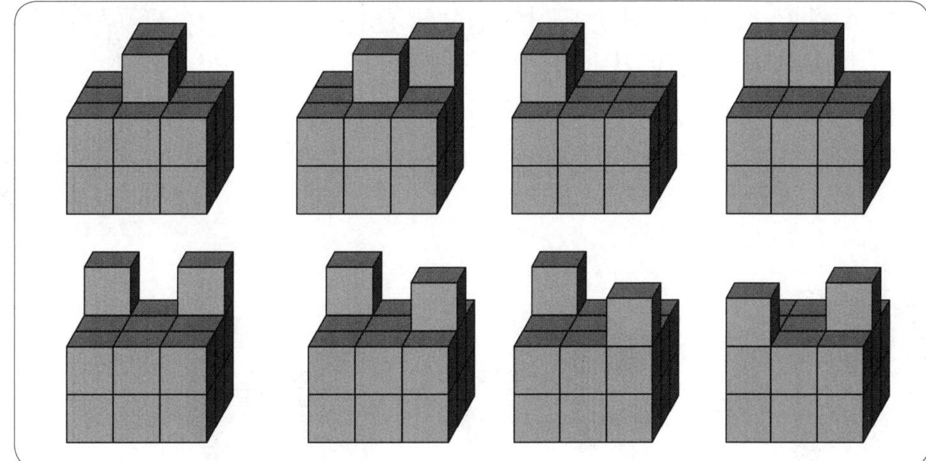

图10.27

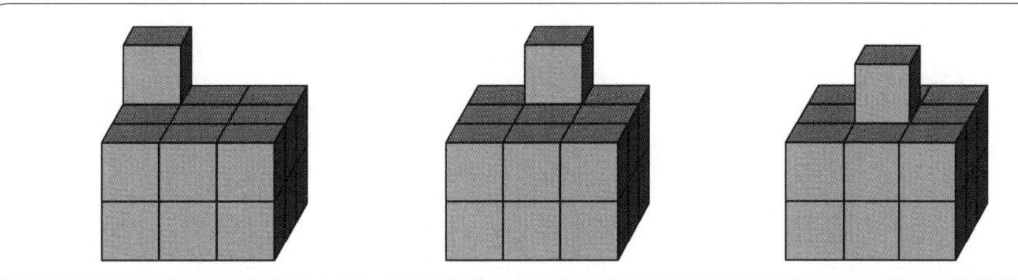

图10.28

五块构造形体创意设计的例子由下面的命题给出。

命题10.7 可以摆出图10.29所示的形体。

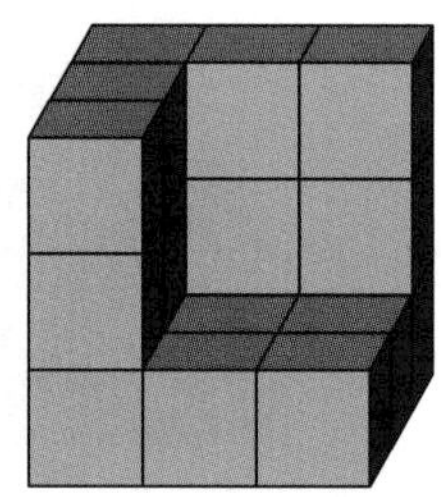

图10.29

这个形体我们称之为“墙角”。证明这个问题的策略是将目标形体分解为2+3的两个堆块形体，如图10.30所提示。

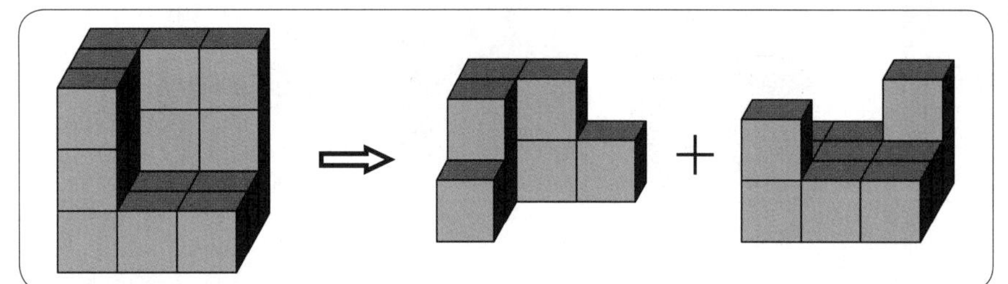

图10.30

证明 如图10.31所示。

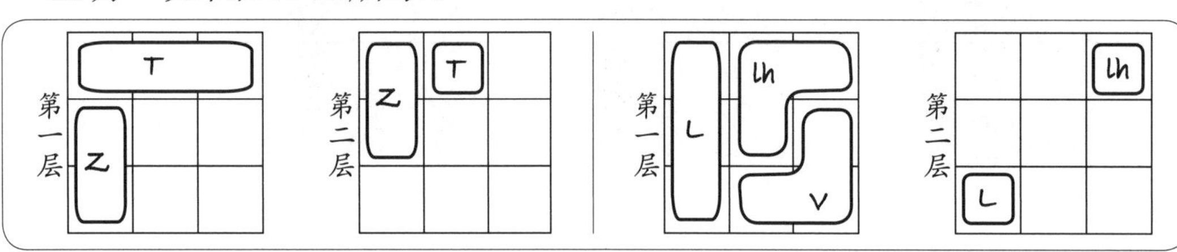

图10.31

■六块与七块构造与创造

前文已经给出了一些六块与七块的构造设计。六块的形体可以看成是三块加三块的形体，也可以看成是四块加两块的形体；七块的形体可以看成是四块加三块和五块加两块的形体。由此可见六块与七块形体设计的内容更加丰富，为创造力的充分发挥提供了广阔的空间，图10.32给出了六块构造的四足兽动物仿形设计以及它们的构造分解结构图。

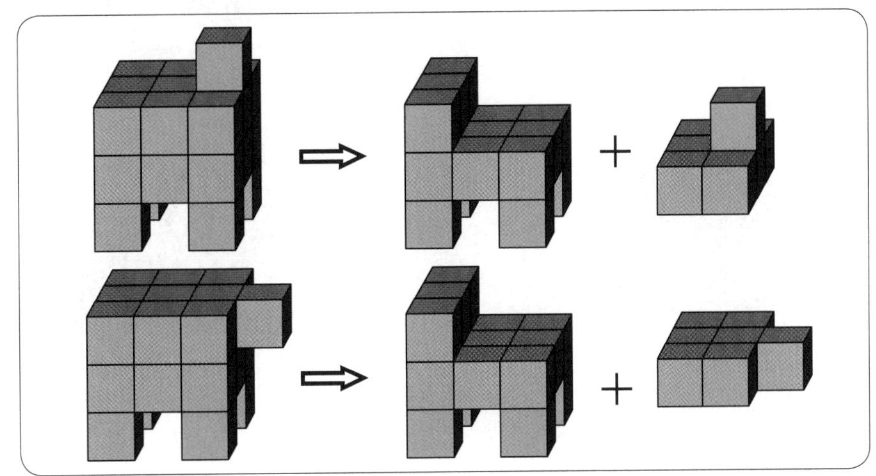

图10.32

图10. 33给出一些具有一定难度的创意设计形体，证明这些形体命题是一种饶有趣味的挑战。

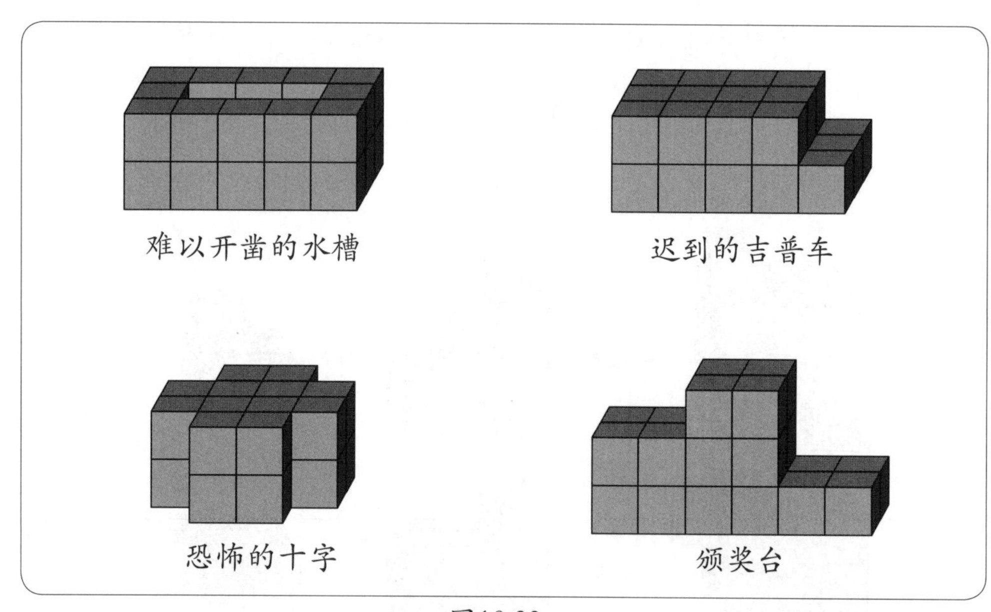

图10.33

10.4 我们的堆块学园

研究堆块几何会发现很多有趣的问题，搭建很多有趣形体，这既是研究，也是一种城堡搭建游戏。我们的城堡是一个学园，里面有搭建的各种形体：放大的堆块，动物的造型以及奇特的建筑设计形体，如图10.34所示。

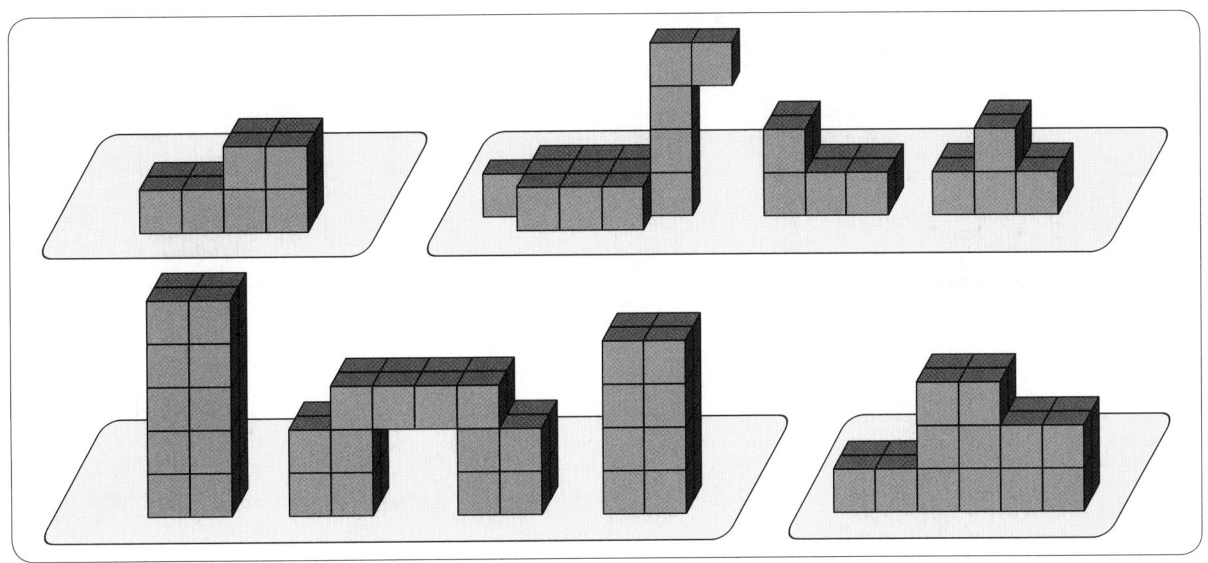

图10.34

这些搭建通过分层记录保存下来，所以，堆块城堡也是一本搭建记录本，如图10.35所示。

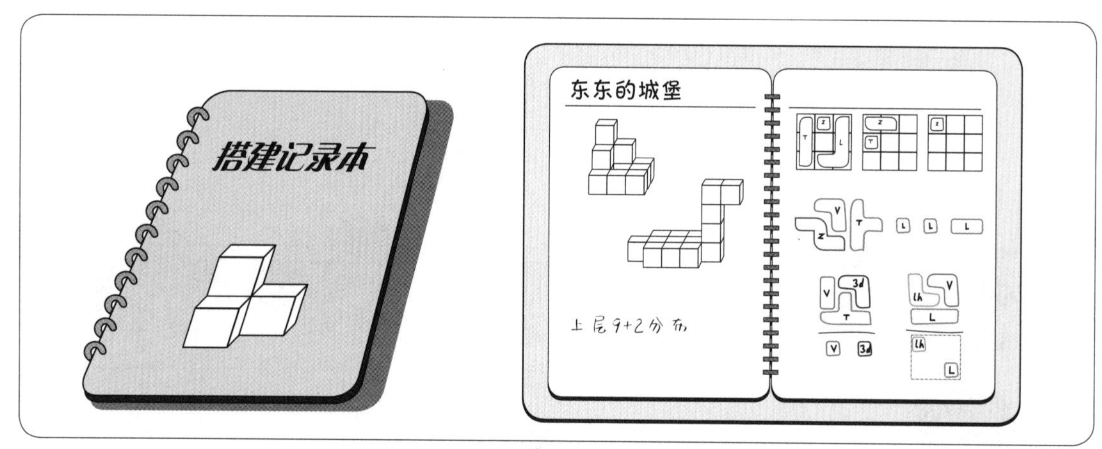

图10.35

可以邀请朋友参观自己的堆块城堡，向他们介绍自己的搭建成果。也可以到别人的城堡观光，欣赏别人的搭建作品，如图10.36所示。与他人交流可以丰富我们的学习内容，提高我们的学习热情。这样一来，“我”的学习就变成了“我们”的学习，“我”的堆块学园也变成了“我们”的学习社区，如图10.37所示。

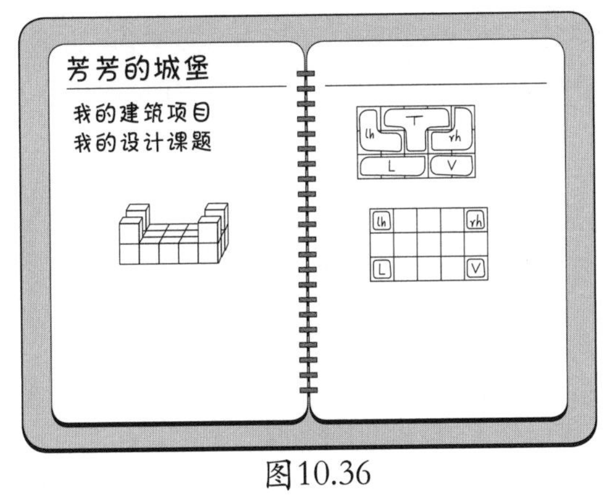

图10.36

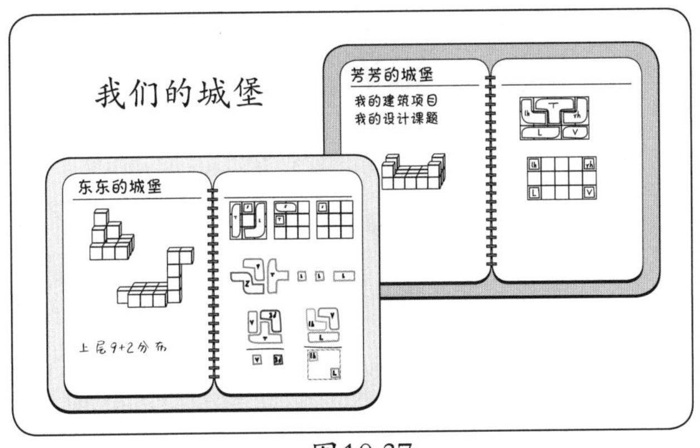

图10.37

我们可以开创一个搭建擂台，提出搭建项目，向别人发起搭建挑战，或者接受别人的挑战，体验智力和创造力比拼的乐趣和成功获胜的喜悦。如图10.38所示。

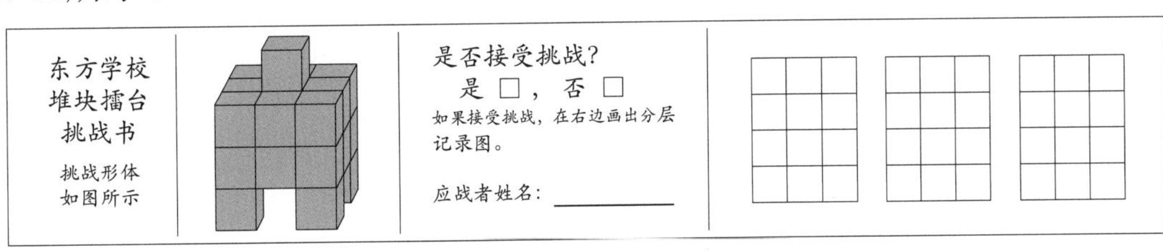

图10.38

学习需要交流，学术需要积累和传承。论文是交流研究成果的一种方式，分层记录结构图可以作为堆块几何的研究论文发表与交流。如图10.39所示。

堆块学园

关于九宫格上层两块分布形体的研究

王东东

1. 分布数量分析

图1　图2　图3　图4

图5　图6　图7　图8

图9　图10　图11　图12

2. 各种分布的关系

上述分布中具有旋转关系的是图2与10、4与12……

上述分布中具有镜像关系的是图8与12。

由上述分析可以得到不同的分布形体的数量。

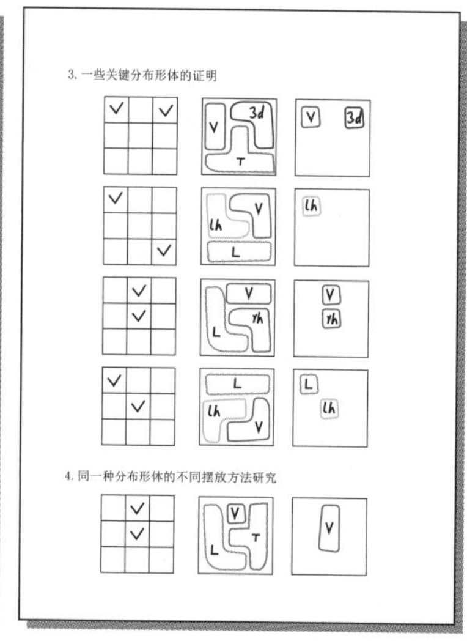

3. 一些关键分布形体的证明

4. 同一种分布形体的不同摆放方法研究

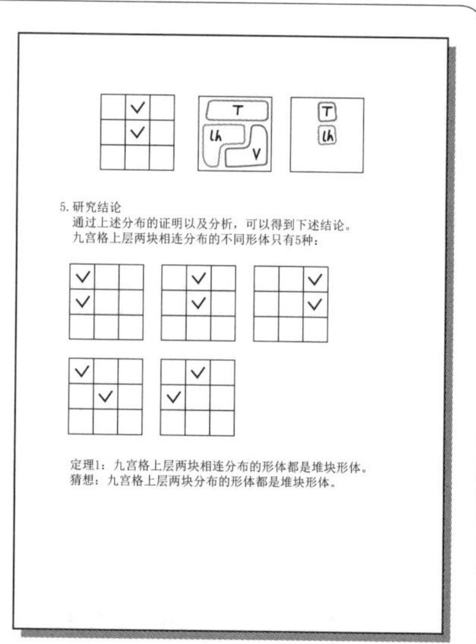

5. 研究结论

通过上述分布的证明以及分析，可以得到下述结论。

九宫格上层两块相连分布的不同形体只有5种：

定理1：九宫格上层两块相连分布的形体都是堆块形体。

猜想：九宫格上层两块分布的形体都是堆块形体。

图10.39

到现在为止，我们研究的堆块几何形体都是使用上篇定义的堆块、按照规定的操作公设和公理摆出的，推理论证也是在这个理论框架下展开的。这就好比盖房子，规定了使用的材料和施工方法之后，就只能搭建某种类型的房子。如果改变堆块几何所使用的堆块或操作公设，那么会有什么结果呢？比如，如果将lh块和rh块都换成lh块，或者允许使用两个L块。这种改变将导致一种新的堆块几何。之前不能够摆出的“八元立方体”和“隧道”就都可以摆出了，如图10.40所示。

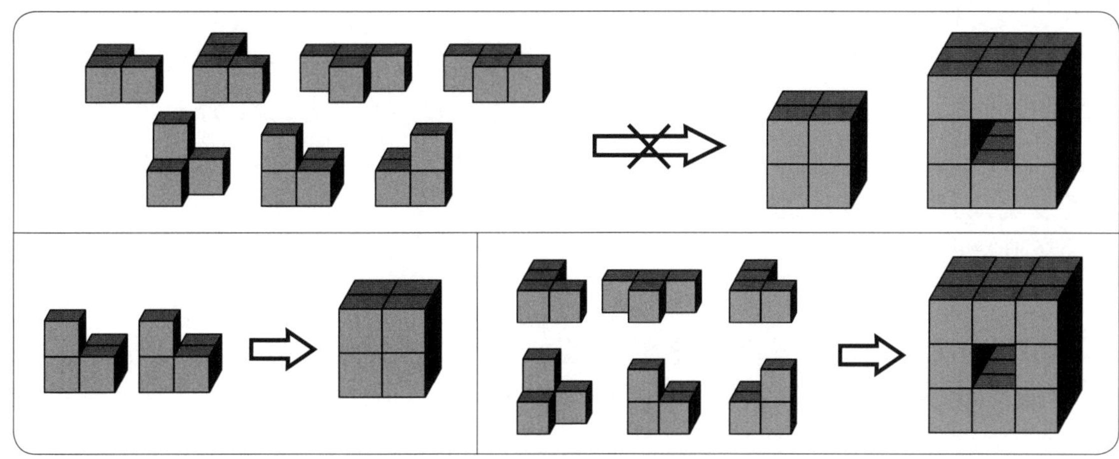

图10.40

而之前可以摆出的形体，如两层的Z块，用两个lh块或rh块却无法摆出，如图10. 41所示。

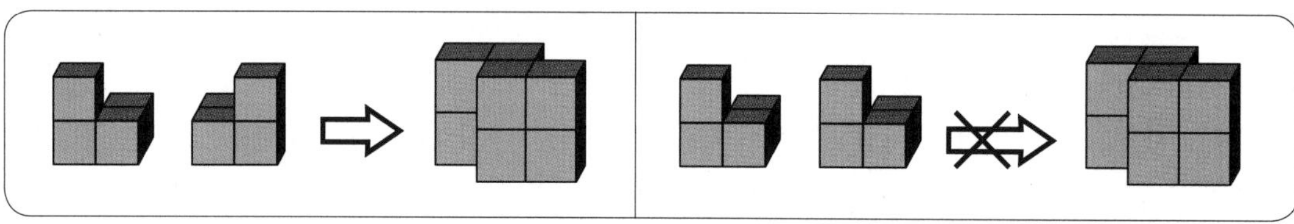

图10.41

可见，对公设、构件堆块或操作定义的任何改变，都会导致一种新的堆块几何。这就好比从欧几里得几何到非欧几里得几何的改变，将第五公设：从直线外一点只能作一条直线与该直线平行，改为：从直线外一点可以作无数条直线与该直线平行，其他的定义、公理和公设都不变，欧几里得几何就变成了罗巴切夫斯基几何。通过设计新的堆块几何可以使我们对公理化系统有更深入的理解。

表10. 1列出了两种不同堆块几何的比较。

2000多年前，古希腊哲学家柏拉图创建了著名的雅典学园，开辟了人类理性思维的世界，这个世界孕育了人类的科技文明，引导人类走向光明的未来。我们的堆块学园可以使人们以游戏的方式体会到这种文明产生和发展的方式，理解理性思维的发展过程。

表10.1

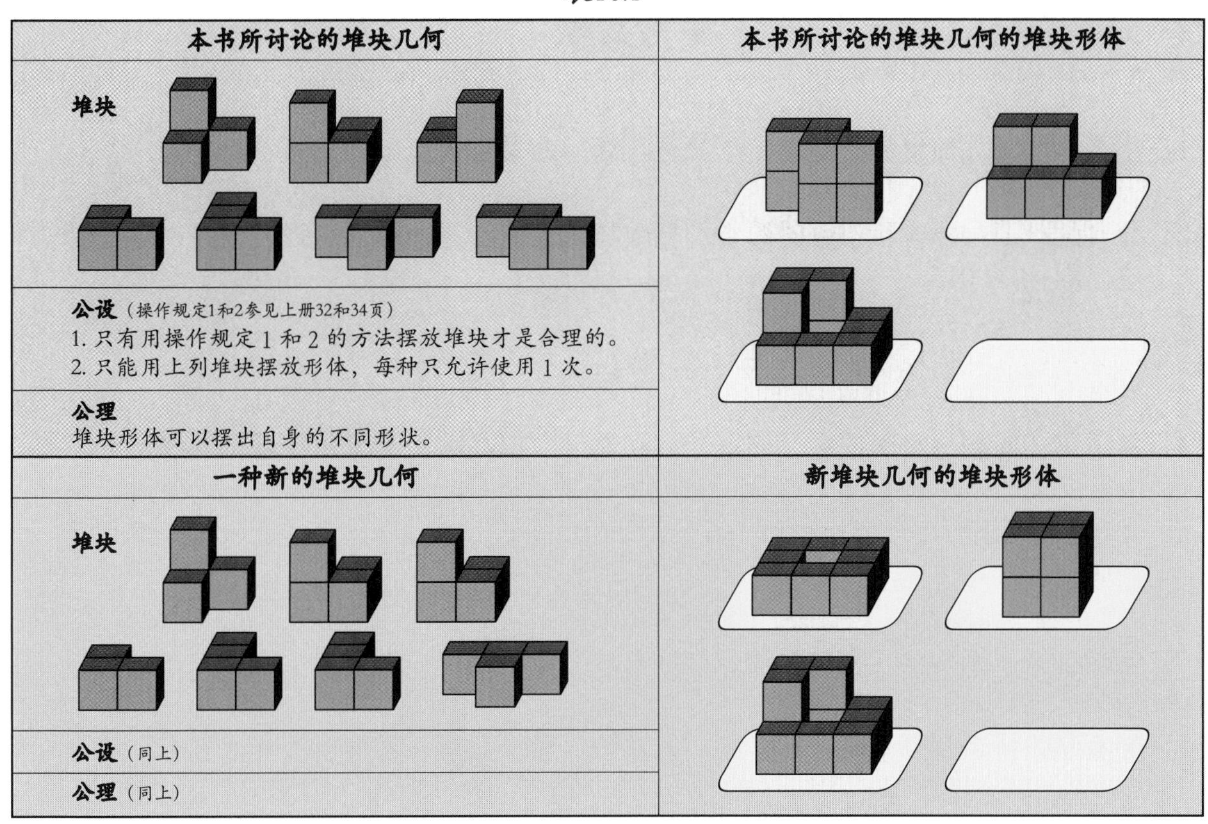

本书所讨论的堆块几何	本书所讨论的堆块几何的堆块形体
堆块	
公设（操作规定1和2参见上册32和34页） 1. 只有用操作规定 1 和 2 的方法摆放堆块才是合理的。 2. 只能用上列堆块摆放形体，每种只允许使用 1 次。	
公理 堆块形体可以摆出自身的不同形状。	
一种新的堆块几何	**新堆块几何的堆块形体**
堆块	
公设（同上）	
公理（同上）	

参考文献

[1] 小平邦彦. 几何世界的邀请. 李慧慧，译. 北京：人民邮电出版社，2017.

[2] 让-保罗•德拉耶. 玩不够的数学：算数与几何的妙趣. 路遥，译. 北京：人民邮电出版社，2015.

[3] 欧几里得. 几何原本. 张卜天，译. 南昌：江西人民出版社，2019.

[4] 林定夷. 问题与科学研究：问题学之探究. 广州：中山大学出版社，2006.

[5] 美国科学促进协会. 科学素养的设计. 中国科学技术协会，译. 北京：科学普及出版社，2005.

[6] 索耶主编. 剑桥学习科学手册. 徐晓东，等译. 北京：教育科学出版社，2010.

[7] D.希尔伯特. 几何基础. 江泽涵，朱鼎勋，译. 北京：科学出版社，1987.

[8] F.博斯克斯. 几何三部曲 第1卷 几何的公理化方法 An Axiomatic Approach to Geometry. 影印版. 北京：世界图书出版公司，2016.

[9] Martin Gardner. Origami，Eleusis，and Soma Cube Martin Gardner's mathematical diversions. New York:Cambridge University Press,2008.

[10] M.克莱因. 古今数学思想. 北京大学数学系数学史翻译组，译.上海：上海科学技术出版社，1980.

索引

上册

T

V

W

X

Y

Z

下册

B

C

D

F

G

J

L

M

P

Q

R

S

T

W

X

Y

Z

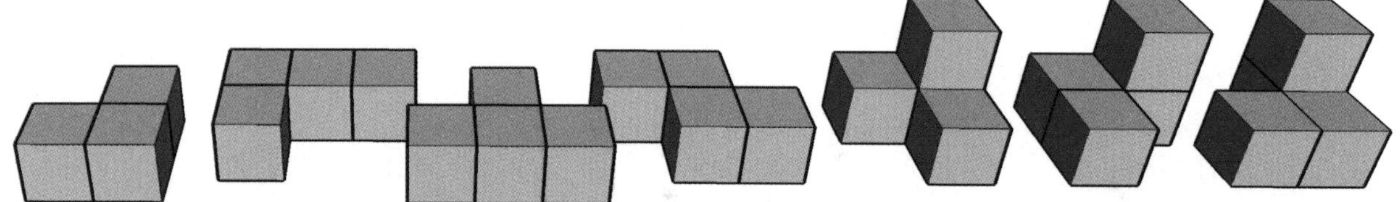

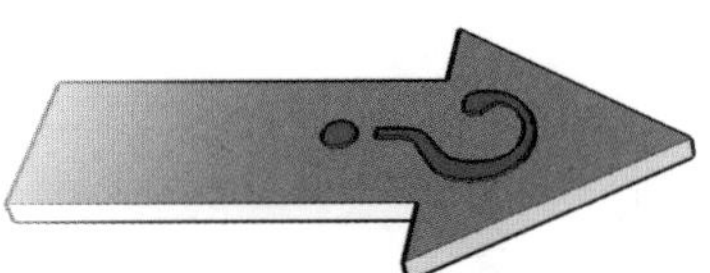

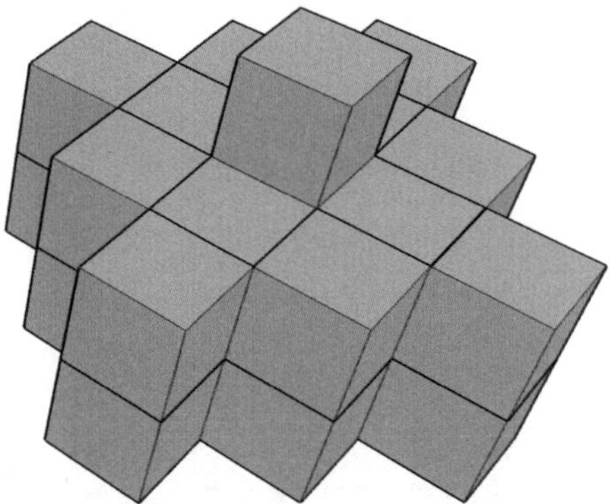

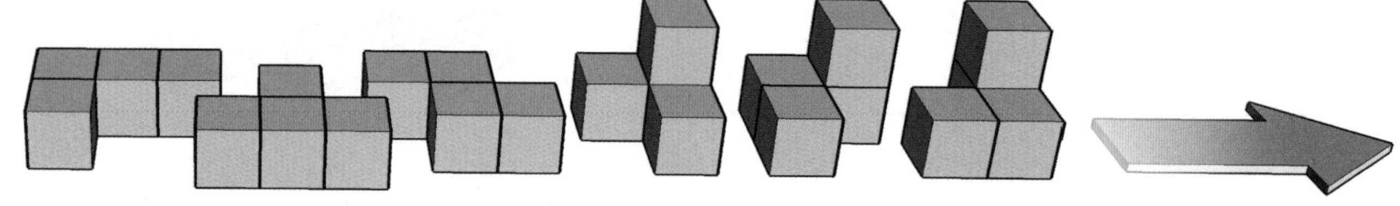

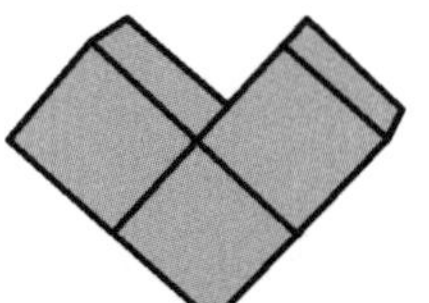

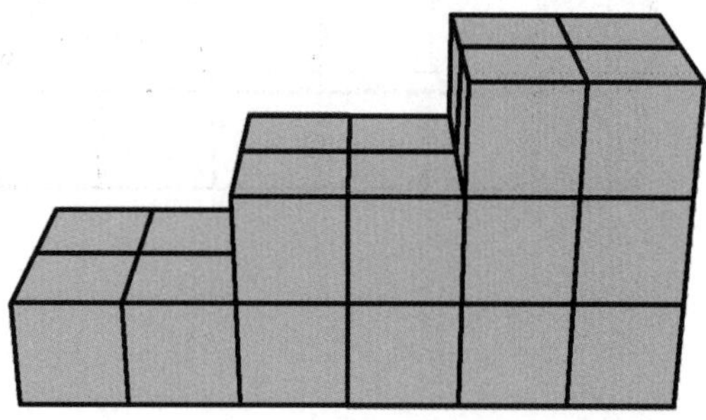